魔法甜點・夢幻烘焙變化研究室

玩轉甜點新科學

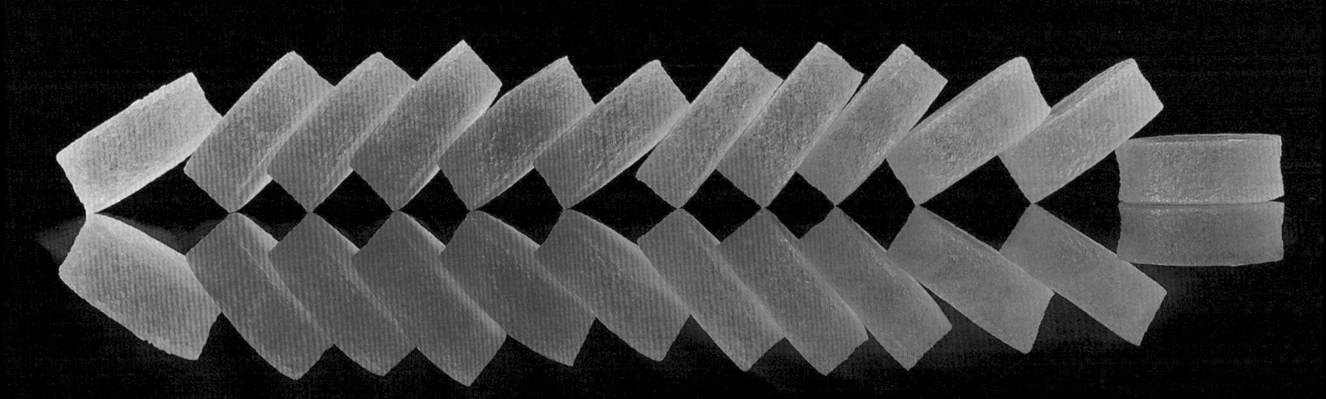

瑞昇文化

和孩子們一起製作甜點時，
孩子們總是張著一雙明亮的大眼睛好奇地問道：
「為什麼？」、「怎麼會這樣？」。

大人們覺得稀鬆平常的甜點製作過程，
在孩子們看來卻充滿著不可思議的奧祕。

撰寫本書就是要回應孩子們的問題，
滿足孩子們的求知欲。

甜點的世界最讓孩子們感到不可思議的是……
「蛋糕為什麼會膨脹呢？」

同樣的餅乾，吃進嘴裡的感覺就是不一樣……
「餅乾的口感，為什麼不一樣呢？」

果凍總是閃閃發光……
「果凍散發的光，為什麼不一樣呢？」

布丁的口感，有的入口即化，有的Q彈滑潤……
「布丁的軟硬度，為什麼不一樣呢？」

麻糬等甜點質地柔軟，容易延展，實在真有趣……
「粉類食材做成的麻糬等甜點，為什麼呈現出軟糯Q彈口感呢？」

深入地探究這些問題，
無論大人或小孩，一定會更盡情地享受製作甜點的樂趣。

每一道甜點都蘊藏著許多創意巧思。
使用針筒、水球，還可以調成漂亮的顏色……

來吧！讓我們一起投入魔法點心的世界，盡情地享受其中樂趣吧！

太田佐知香

CONTENTS

2 序

6「鬆餅為什麼會膨脹呢？」

〈蛋白霜〉
8 鬆軟綿密的戚風鬆餅
9 雪白鬆餅

〈小蘇打〉
12 傳統風味鬆餅
香蕉巧克力鬆餅
14 味道香濃的全麥迷你鬆餅

〈水蒸氣〉
16 源自德國的荷蘭寶貝鬆餅

〈酵母〉
18 外形超像佛卡夏麵包的鬆餅

20「同樣的餅乾，口感為什麼不一樣呢？」

〈酥脆〉
22 形狀可愛的模型餅乾
24 蘑菇形與大理石紋冰盒餅乾

〈粗曠（顆粒感）〉
26 巧克力杏仁餅乾
28 全麥果乾餅乾
燕麥餅乾

〈濕潤〉
30 巧克力脆片餅乾
義式奶油餅乾餅乾
32 巧克力棉花糖餅乾
色彩繽紛的巧克力米餅乾

〈酥鬆〉
34 西班牙杏仁餅乾 POLVORON
法式沙布列鑽石餅乾
35 雪球餅乾

- 1大匙＝15mℓ、1小匙＝5mℓ。
- 手持式電動攪拌器的強度，可能因機種不同而出現若干差異，請配合實際狀態，調整攪打時間。
- 本書使用爐連烤瓦斯爐。烤箱火力可能因機種而不同，烘烤時請觀察烤色，進行調整。

38「果凍的彈力，為什麼不一樣呢？」

〈吉利丁〉
40 彩虹果凍＋混色實驗
42 柳橙軟糖
口感清脆的吉利丁薄片

〈洋菜〉
44 以針筒完成粒粒分明的珍珠果凍＋珍珠果凍汽水
45 以吸管完成盛開的立體果凍花
48 以水球製作水信玄餅＋黑糖蜜

〈寒天〉
50 琥珀羊羹
琥珀糖

52「布丁的軟硬度，為什麼不一樣呢？」

〈蒸煮〉
54 經典焦糖布丁＋焦糖糖果
55 Pudding à la mode（法式布丁）

〈烘烤〉
58 焦糖布丁蛋糕

〈冷卻〉
60 義式布丁
62 OREO 夾心餅乾布丁
63 芒果布丁
奇亞籽布丁

66「麻糬等甜點的軟糯 Q 彈口感，為什麼不一樣呢？」

〈蕨粉〉
68 純正道地的黑褐色蕨餅
色彩繽紛的蕨餅
70 法式蕨粉巧克力凍派

〈白玉粉〉
72 綜合水果白玉湯圓
73 練切玫瑰花

〈上新粉〉
76 醬汁不會融化沾手的御手洗糰子
78 杏桃黑豆日式浮島蛋糕

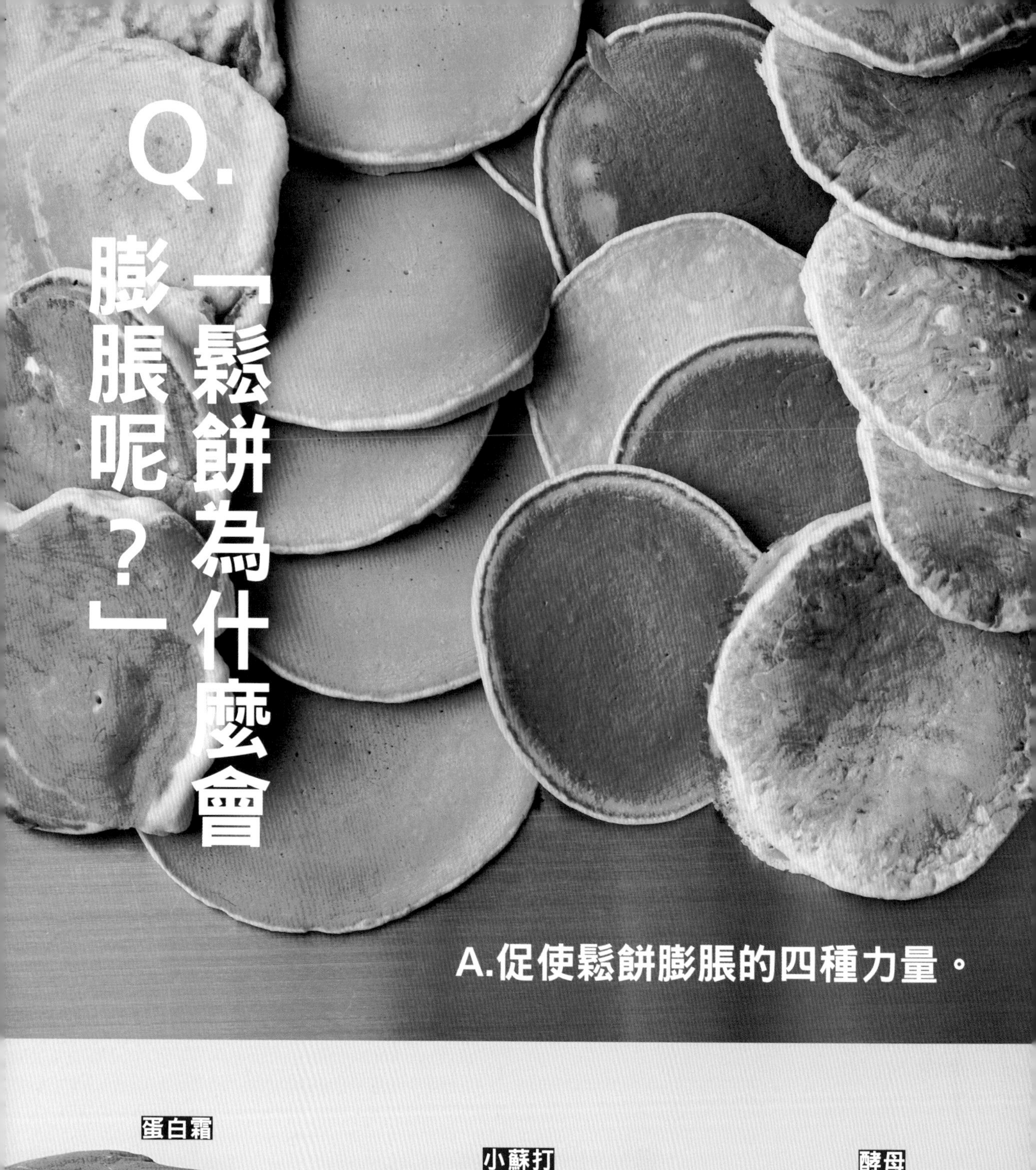

Q.「鬆餅為什麼會膨脹呢？」

A.促使鬆餅膨脹的四種力量。

實驗①

透過實驗觀察促使鬆餅膨脹的四種力量！

「低筋麵粉」、「砂糖」、「牛奶」、「雞蛋」的使用份量都一樣，差異在於「其他」部分。蛋白霜是以材料欄記載雞蛋的蛋白部分打發而成，水蒸氣則是材料的水份，因此不需要添加其他材料。分別添加2g小蘇打與酵母。

材料	四種力量			
	蛋白霜	小蘇打	水蒸氣	酵母
低筋麵粉	100g	100g	100g	100g
砂糖	20g	20g	20g	20g
牛奶	100g	100g	100g	100g
雞蛋	1顆	1顆	1顆	1顆
其他	蛋白	小蘇打2g	材料的水份	酵母2g

烘烤完成鬆餅後比較外觀與口感上差異

（p.6下圖鬆餅左起依序編號為圖1、2、3、4）

■蛋白霜（1）

鬆餅確實膨脹，口感鬆軟，入口即化。直接烤出蛋白霜的軟綿口感。

■小蘇打（2）

鬆餅適度膨脹，口感鬆軟。即便混合水果、泥狀等材料，還是烤出厚度均一，口感均勻細緻的鬆餅。

■水蒸氣（3）

鬆餅膨脹程度較小，但口感滑潤。烘烤時若形成蒸氣的通道（裂縫），就會抑制膨脹。

■酵母（4）

鬆餅確實膨脹，口感鬆軟。製作時需留意材料的添加順序。常用於製作麵包。

剖析鬆餅膨脹的原因

■蛋白霜

以蛋白打發成蛋白霜，因為其中的蛋白質成分特性，空氣大量聚集，維持該狀態，促使鬆餅膨脹。

■小蘇打

因為小蘇打發生化學反應，產生二氧化碳（氣體），促使鬆餅膨脹。

■水蒸氣

材料加熱後，其中的水份產生水蒸氣，促使鬆餅膨脹。

■酵母

酵母菌分解材料中的糖分，產生二氧化碳（氣體），促使鬆餅膨脹。

FLUFFY PANCAKES

鬆軟綿密的戚風鬆餅

→RECIPE p.10

雪白鬆餅

→RECIPE p.11

WHITE PANCAKES

蛋白霜 鬆軟綿密的戚風鬆餅

蛋白霜飽含空氣、能量全開。盡情地享受入口即化的美妙口感吧！

材料 **直徑8cm4片份**

蛋白 …… 1顆份
細白糖 …… 20g
A
低筋麵粉 …… 60g
玉米粉 …… 40g
牛奶 …… 100L
蛋黃 …… 1顆份
糖粉 …… 5g
草莓 …… 3顆

前置作業

- 混合材料**A**後過篩，倒入調理盆。
- 草莓清洗乾淨後，其中1顆縱切成兩半。
- 方形淺盤鋪上烘焙紙（烤盤紙）。

作法

1 蛋白倒入調理盆，手持式電動攪拌器切換成「中速」，打發至呈現泛白狀態後，添加1小匙材料欄記載份量的細白糖，攪打約1分鐘（光滑細緻），然後將剩餘細白糖分成兩份，先添加其中一份，攪打約2分鐘（呈現光澤），接著添加另一份，攪打1分鐘左右，打發至以攪拌器撈起時呈現堅挺的尖角狀態為止，完成綿密扎實的蛋白霜。

2 材料**A**的調理盆添加牛奶與蛋黃，以打蛋器攪拌均勻後，加入步驟**1**，避免破壞氣泡狀態下，以橡皮刮刀迅速地翻拌混合。

3 以中火加熱平底鍋後，移到濕抹布上，鍋底不再嘶嘶作響後，以小火加熱，然後以湯匙取步驟**2**，**重疊2～3次，疊成一座小山形狀ⓐ**。

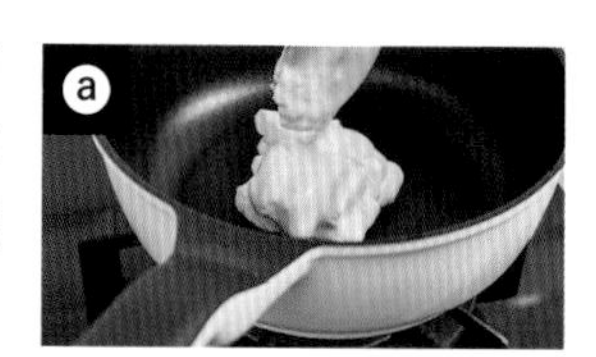

4 加入1小匙熱水（份量外），蓋上鍋蓋，以小火悶烤約2分鐘，至表面呈現漂亮烤色。翻面後，以相同作法烘烤，烤好後取出，放入方形淺盤，稍微散熱冷卻。以相同作法烘烤剩餘麵糊，繼續完成美味鬆餅。

5 將鬆餅盛入容器裡，以濾茶器篩上糖粉，加上草莓。

Memo

【步驟1】一開始就打發至呈現泛白狀態，希望蛋白的水份與蛋白質成分都攪打得很均勻。細白糖分成3次加入，則是希望每次添加都能夠確實地溶解。【步驟3】將平底鍋移到濕抹布上，目的是讓平底鍋熱度更平均，使麵糊更均勻受熱，烤出色澤漂亮的鬆餅。使用鐵氟龍塗層平底鍋時，不抹油也OK。使用鐵製平底鍋時，請薄薄地塗抹食用油。

蛋白霜 雪白鬆餅

希望充分地活用雪白的蛋白霜，完成雪白的鬆餅，以悶烤方式完成製作。口感軟糯細緻，入口即化。

材料　直徑10㎝5片份

蛋白 …… 1顆份
細白糖 …… 20g
A 低筋麵粉 …… 60g
　玉米粉 …… 40g
牛奶 …… 100g

〈發泡鮮奶油〉

鮮奶油（乳脂肪含量35%）…… 100g
細白糖 …… 10g

前置作業

・混合材料**A**後過篩，倒入調理盆。
・方形淺盤鋪上烘焙紙。

作法

1 蛋白倒入調理盆，手持式電動攪拌器切換成「中速」，打發至呈現泛白狀態後，添加1小匙材料欄記載份量的細白糖，攪打約1分鐘（光滑細緻），然後將剩餘細白糖分成兩份，先添加其中一份，攪打約2分鐘（呈現光澤），接著添加另一份，攪打1分鐘左右，打發至**以攪拌器撈起時呈現堅挺的尖角狀態為止，完成綿密扎實的蛋白霜ⓐ**。

2 材料**A**的調理盆添加牛奶，以打蛋器攪拌均勻後，加入步驟**1**，避免破壞氣泡狀態下，以橡皮刮刀迅速地翻拌混合。

3 以中火加熱平底鍋後，移到濕抹布上，鍋底不再嘶嘶作響後，以小火加熱，然後取1杓步驟**2**，由平底鍋上方約10㎝處倒入鍋裡。

4 加入1小匙熱水（份量外），蓋上鍋蓋，以小火悶烤約1分鐘，至表面開始出現小孔洞。翻面後，以相同作法烘烤，烤好後取出，放入方形淺盤，稍微散熱冷卻。以相同作法烘烤剩餘麵糊，繼續完成美味鬆餅。

5 〈發泡鮮奶油〉鮮奶油與細白糖倒入調理盆後，連盆放入裝著冰水的另一個調理盆裡，手持式電動攪拌器切換成「中速」，攪拌約2分鐘，完成七分打發的發泡鮮奶油。

6 將鬆餅盛入容器裡，加上發泡鮮奶油。

memo

【步驟3】由平底鍋上方約10㎝處，瞄準1點，倒入麵糊，因為重力關係，麵糊會自然地擴散成漂亮圓形。【步驟4】表面開始出現小孔洞，就是完成美味鬆餅的大致基準。小孔洞出現4個以上就OK。鬆餅稍微散熱冷卻後就覆蓋濕潤布巾，避免烘烤剩餘麵糊過程中，先完成的鬆餅變得太乾燥。【步驟5】邊冷卻、邊打發鮮奶油，是為了冷卻凝固乳脂肪成分。以攪拌器撈起時，濃稠綿密的鮮奶油滑入調理盆，攪拌棒上的鮮奶油微微地呈現尖角狀態，即完成七分打發的鮮奶油。

小蘇打　傳統風味鬆餅

味道柔和，令人深深懷念的鬆餅。烤出漂亮顏色吧！

材料　**直徑10cm6片份**

A
- 低筋麵粉 …… 100g
- 小蘇打 …… 1小撮
- 細白糖 …… 20g

B
- 雞蛋 …… 1顆
- 優格（原味）…… 60g
- 牛奶 …… 110g

奶油（無鹽）…… 20g
楓糖漿 …… 適量

前置作業

- 混合材料**A**後過篩，倒入調理盆。
- 方形淺盤鋪上烘焙紙。

作法

1. 將材料**B**倒入調理盆，以打蛋器攪拌均勻。
2. 材料**A**的調理盆加入步驟**1**後，以打蛋器攪打成光滑細緻的麵糊。
3. 以中火加熱平底鍋後，移到濕抹布上，鍋底不再嘶嘶作響後，以小火加熱，然後取1杓步驟**2**，由平底鍋上方約10cm處倒入鍋裡。
4. **以小火烘烤約1分鐘，至表面開始出現小孔洞ⓐ**。翻面後，以相同作法烘烤，烤好後取出，放入方形淺盤，稍微散熱冷卻。以相同作法烘烤剩餘麵糊，繼續完成美味鬆餅。
5. 將鬆餅盛入容器裡，加上奶油，淋上楓糖漿。

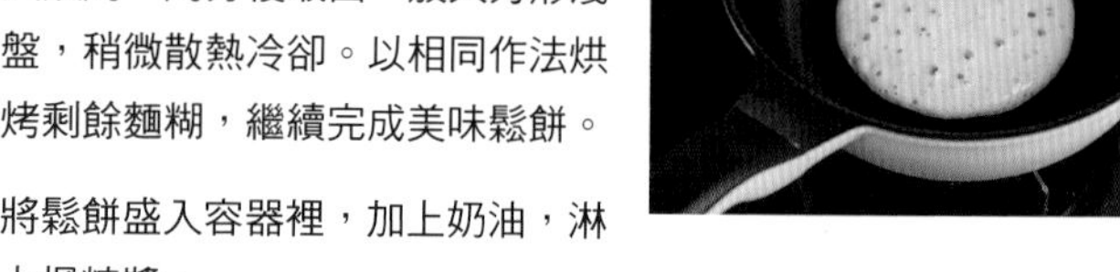

小蘇打　香蕉巧克力鬆餅

混合香蕉，麵糊比較厚重，因為小蘇打力量促使膨脹而烤出鬆軟口感。香脆堅果類為這道鬆餅口感大大地加分。

材料　**直徑12cm4片份**

雞蛋 …… 1顆
牛奶 …… 110g
香蕉 …… 1條

A
- 低筋麵粉 …… 60g
- 可可粉 …… 30g
- 小蘇打 …… 1小撮

B
- 葡萄乾 …… 10g
- 燕麥粉 …… 5g
- 肉桂粉 …… 1g
- 細白糖 …… 10g

堅果類（烘烤過／核桃、杏仁）…… 共10g
巧克力醬（市售）…… 適量

前置作業

- 混合材料**A**後過篩，倒入調理盆。
- 香蕉去皮後放入塑膠袋，用手壓成泥狀。
- 方形淺盤鋪上烘焙紙。

作法

1. 將雞蛋、牛奶、香蕉倒入調理盆，以打蛋器攪拌均勻。
2. 材料**A**的調理盆加入步驟**1**與材料**B**後，以打蛋器攪打成光滑細緻的麵糊。
3. 以中火加熱平底鍋後，移到濕抹布上，鍋底不再嘶嘶作響後，以小火加熱，然後取1杓步驟**2**，由平底鍋上方約10cm處倒入鍋裡。
4. 以小火烘烤約1分鐘，至表面開始出現小孔洞。翻面後，以相同作法烘烤，烤好後取出，放入方形淺盤，稍微散熱冷卻。以相同作法烘烤剩餘麵糊，繼續完成美味鬆餅。
5. 將鬆餅盛入容器裡，加上堅果類，淋上巧克力醬。

memo

製作這兩道鬆餅時，【步驟3】都將平底鍋移到濕抹布上，目的是讓平底鍋熱度更平均，使麵糊更均勻受熱，烤出色澤漂亮的鬆餅。直徑16cm平底鍋一次可烤1片，直徑24cm平底鍋一次可烤2片。由平底鍋上方約10cm處，瞄準1點，倒入麵糊吧！因為重力關係，麵糊會自然地擴散成漂亮圓形。

CHOCOLATE BANANA PANCAKES
CLASSIC PANCAKES

WHOLE GRAIN MINI PANCAKES

小蘇打 味道香濃的全麥迷你鬆餅

小巧可愛，一口大小的全麥鬆餅。
非常適合搭配味道酸甜的覆盆莓。

材料　**直徑6cm15片份**

A
全麥麵粉 …… 100g
小蘇打 …… 1小撮

B
蜂蜜 …… 20g
雞蛋 ……1顆
優格（原味）…… 60g
牛奶 …… 110g

莓果類（藍莓、草莓、覆盆莓）…… 共20g

前置作業

- 混合材料**A**後過篩，倒入調理盆。
- 草莓清洗乾淨後，縱向切成4等份。
- 方形淺盤鋪上烘焙紙。

作法

1 將材料**B**倒入調理盆，以打蛋器攪拌均勻。

2 材料**A**的調理盆加入步驟**1**後，以打蛋器攪打成光滑細緻的麵糊。

3 以中火加熱平底鍋後，移到濕抹布上，鍋底不再嘶嘶作響後，以小火加熱，然後**取1匙步驟2，倒入鍋裡ⓐ**。

4 以小火烘烤約1分鐘，至表面開始出現小孔洞。翻面後，以相同作法烘烤，烤好後取出，放入方形淺盤，稍微散熱冷卻。以相同作法烘烤剩餘麵糊，繼續完成美味鬆餅。

5 將鬆餅盛入容器裡，撒上莓果類。

ⓐ

Memo

【步驟3】將平底鍋移到濕抹布上，目的是讓平底鍋熱度更平均，使麵糊更均勻受熱，烤出色澤漂亮的鬆餅。使用鐵氟龍塗層平底鍋時，不抹油也OK。使用鐵製平底鍋時，請薄薄地塗抹食用油。直徑16㎝平底鍋一次可烤3片，直徑24㎝平底鍋一次可烤6片。

DUTCH BABY PANCAKE

水蒸氣 源自德國的荷蘭寶貝鬆餅

雞蛋與牛奶的水份蒸發時產生水蒸氣，因為水蒸氣力量而像吹氣球似地膨脹的鬆餅。

材料　直徑16cm鑄鐵平底鍋1個份

雞蛋……1顆
牛奶……60g
A 低筋麵粉……50g
A 鹽……1小撮
奶油（無鹽）……10g

〈藍莓醬〉
藍莓……100g
蜂蜜……50g
檸檬汁……1小匙

香草冰淇淋（市售）……1杓

前置作業

・混合材料**A**後過篩，倒入調理盆。
・將藍莓醬材料倒入鍋裡，置於室溫環境約15分鐘。
・奶油倒入鑄鐵平底鍋，放入烤箱，預熱至220℃。→步驟**2**時預熱。

作法

1 裝著〈藍莓醬〉材料的鍋子移到爐子上，以小火加熱烹煮8分鐘左右，邊煮邊以橡皮刮刀攪拌至呈現出濃稠度。離火後稍微散熱冷卻，倒入容器裡，放入冰箱冷卻備用。

2 將雞蛋與牛奶倒入調理盆，以打蛋器攪拌均勻。

3 材料**A**的調理盆加入步驟**2**後，以打蛋器攪打成光滑細緻的麵糊。

4 步驟**3**的麵糊**一口氣倒入鑄鐵平底鍋裡**ⓐ，以220℃烤箱烘烤15分鐘。

5 烤好後由烤箱取出，加上冰淇淋，淋上步驟**1**。

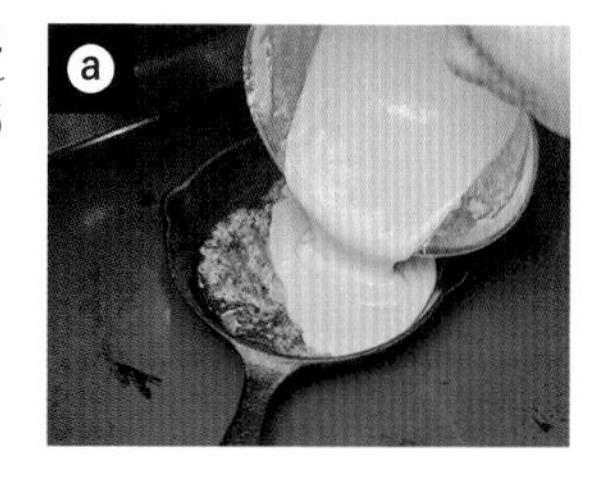
ⓐ

Memo

【前置作業】將藍莓醬材料一起倒入鍋裡置於適溫環境中，目的是促使材料水份更為融合，讓材料更均勻地受熱。

酵母　外形超像佛卡夏麵包的鬆餅

添加高筋麵粉，以酵母促進發酵，呈現麵包般口感的鬆餅。

材料　**直徑12cm2片份**

A
- 低筋麵粉 …… 40g
- 高筋麵粉 …… 30g

乾酵母 …… 2g
鹽 …… 1小撮

B
- 牛奶 …… 100g
- 蛋液 …… 1/2顆份
- 橄欖油 …… 10g

檸檬薄片 …… 3片
橄欖（無籽／瓶裝）…… 2顆
迷迭香 …… 2枝
橄欖油 …… 10g

前置作業

- 混合材料**A**後過篩，倒入調理盆。
- 牛奶倒入耐熱容器裡，覆蓋保鮮膜後，以600W微波爐加熱30秒。
- 檸檬薄片共3片，1片維持輪切形狀，1片對切成兩半，1片切成4等份。
- 橄欖縱向對切成兩半，迷迭香摘取葉子。
- 烤盤鋪上烘焙紙。
- 烤箱預熱至190℃。→步驟**2**時預熱。

作法

1. 材料**A**的調理盆添加乾酵母與鹽，分別加在不同位置後，添加材料**B**，以打蛋器攪打成光滑細緻的麵糊。
2. 完成麵糊後，**隔水加熱（50℃）ⓐ**，覆蓋保鮮膜，發酵約30分鐘。
3. 將步驟**2**分成兩等份，倒入鋪好烘焙紙的烤盤裡，分別延展成直徑12cm左右。撒上檸檬、橄欖、迷迭香，淋上橄欖油，放入190℃烤箱裡烘烤18分鐘。
4. 連同烘焙紙一起取出，擺在網架上，稍微散熱冷卻。

ⓐ

Memo

使用高筋麵粉，希望做出麵包般口感。高筋麵粉的蛋白質含量高於低筋麵粉，因此能夠產生黏性，烤出膨鬆柔軟的口感。【步驟1】添加酵母與鹽時，分別加在不同位置，目的是避免酵母接觸到鹽，因為滲透壓作用而失去活力。

FOCACCIA-LIKE PANCAKES

Q.「同樣的餅乾，口感為什麼不一樣呢？」

A.麵粉的筋性不同，完成的餅乾口感就不一樣。

透過實驗觀察餅乾的四種口感！

除了麵粉的筋性作用之外，砂糖的種類、奶油與蛋黃的份量等不同，完成的餅乾口感（＝嚼勁）也不一樣。

		口感			
		酥脆	粗曠（顆粒感）	濕潤	酥鬆
材料	麵粉	200g	250g	200g	200g
	砂糖	糖粉80g	細白糖80g	細白糖80g	糖粉80g
	奶油	75g	75g	130g	75g
	雞蛋	蛋黃1顆份	蛋黃1顆份	全蛋1顆份	無
	其他	無	無	小蘇打1小匙	無
	調配特徵	蛋黃	麵粉份量UP、蛋黃	奶油量UP、全蛋	未使用雞蛋

烘烤完成餅乾後比較外觀與口感上差異

■酥脆

餅乾斷面平整（感覺很扎實），輕易地就折斷。

■粗曠（顆粒感）

餅乾斷面需要花點力氣才能夠折斷。增加麵粉份量，完成的餅乾口感比較粗曠，充滿顆粒感。

■濕潤

餅乾斷面是可以輕易折斷不太會產生餅乾屑。柔軟口感源自於奶油的脂肪成分與蛋白的水份。

＊添加小蘇打，麵團膨脹，完成的餅乾口感更濕潤。

■酥鬆

餅乾形成空洞，折斷後容易產生餅乾屑。不用雞蛋，不揉麵，材料缺乏黏著力，餅乾容易碎裂。

剖析材料的作用

■麵粉

麵粉的筋性（黏性或彈性成分）是決定餅乾口感的最大關鍵。使用筋性較高的麵粉時，完成的餅乾入口即化。增加麵粉份量、進行揉麵，以提昇筋性，完成的餅乾比較有嚼勁。

■砂糖

糖粉的結晶顆粒較小，易融入麵糊，完成的餅乾口感柔軟，缺乏嚼勁。使用細白糖時，烘烤後形狀依然存在，完成的餅乾口感Q彈有嚼勁。上白糖（精緻細白糖）介於兩者之間，適合製作不需要突顯口感的和菓子等甜點。

■奶油

奶油的脂肪成分作用是結合（融合）材料。材料確實融合，即可完成味道更加豐富潤口的甜點。但添加過量容易導致材料分離，需留意。

■雞蛋

蛋黃與蛋白作用各不相同。蛋黃加熱後成為固體而有嚼勁。蛋白成分中90%為水分，使用蛋白時，材料的整體水量就會增加，完成的餅乾口感比較柔軟。

BASIC SUGAR COOKIES

酥脆　形狀可愛的模型餅乾

一說到餅乾，當然得具備這麼酥脆的口感囉！
混合粉類材料後，添加富含水份的蛋黃，彙整材料完成麵團。

材料　**心形與黑桃形各20片份**

奶油（無鹽）…… 75g
糖粉 …… 80g
低筋麵粉 …… 200g
蛋黃 …… 1顆份

前置作業

- 奶油恢復室溫狀態。
- 低筋麵粉過篩。
- 烤盤鋪上烘焙紙。
- 烤箱預熱至180℃。→步驟**3**放入冰箱時預熱。

作法

1 將奶油與糖粉倒入調理盆裡，由盆底撈起似地，以打蛋器攪拌均勻。添加低筋麵粉，以橡皮刮刀攪拌，**添加蛋黃後再攪拌，然後彙整材料完成麵團ⓐ**。無法形成麵團時，少量多次添加1大匙冷水（份量外），進行調整。

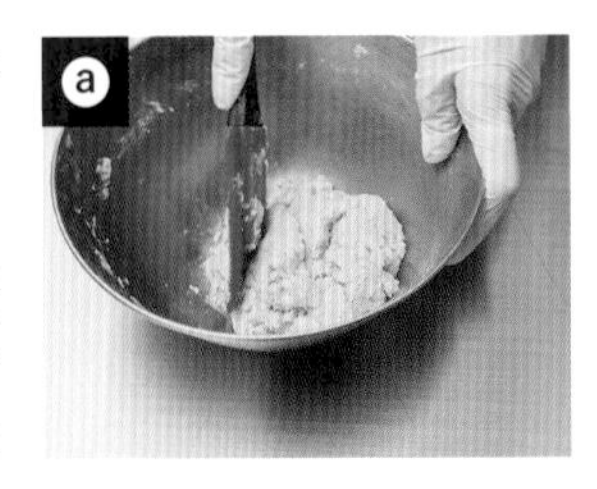

2 將麵糰分成2等份，分別以保鮮膜包好後，放進冰箱鬆弛（醒麵）30分鐘。

3 取出1份麵團，擺在製麵台上，兩側分別擺放厚0.5㎝的擀麵厚度輔助尺，以擀麵棍擀成20×25㎝的麵皮。以心形模型套切20片麵餅後，彙整剩餘部分，重新完成麵團，以相同方法　成麵皮，再以模型套切麵餅。套切麵餅後，間隔適當距離，分別排入烤盤裡，然後連同烤盤放入冰箱冷卻10分鐘。

4 以180℃烤箱烘烤13分鐘後取出，連同烘焙紙擺在網架上冷卻。取出步驟**2**的另一份麵團，如同步驟**3**作法擀成麵皮，以黑桃模型套切麵餅後，以相同作法烘烤完成餅乾。

memo

【步驟3】使用擀麵厚度輔助尺，是可以將麵團擀成相同厚度的製麵工具。烘焙材料行就能夠買到各種厚度的輔助尺。使用木片等也OK。製作時還使用4.5×5㎝心形模型，5×5㎝黑桃模型，33×44㎝烤箱附屬烤盤。

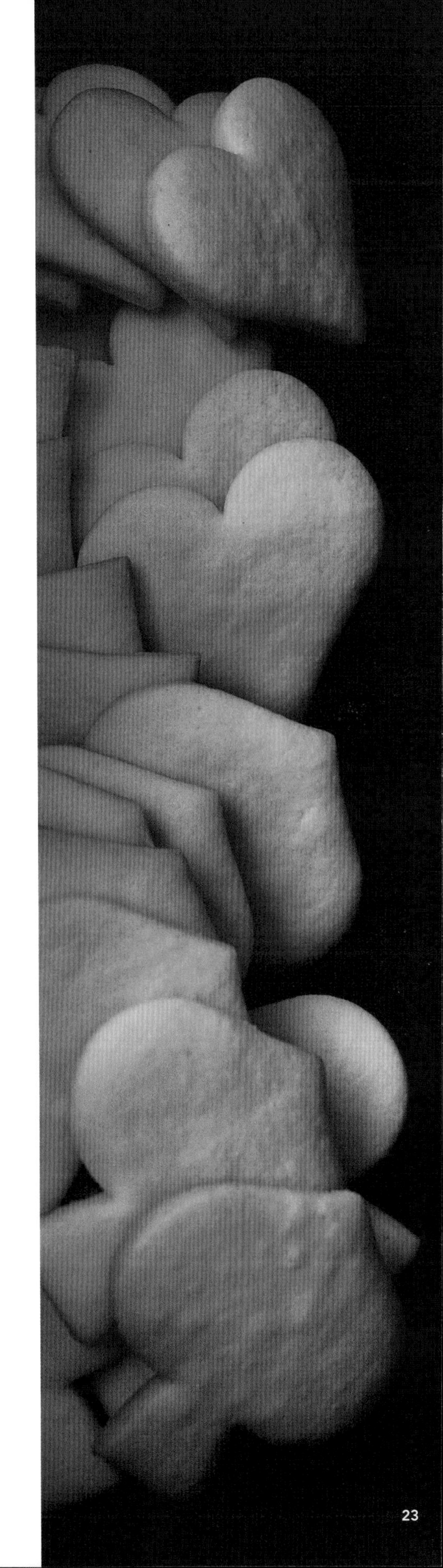

MUSHROOM AND SWIRL ICEBOX COOKIES

酥脆　蘑菇形與大理石紋冰盒餅乾

製作漂亮冰盒餅乾關鍵，在於雙色麵團的組合方式。邊組合邊想像切成餅乾後的漂亮模樣吧！

材料　**蘑菇形20片、大理石紋12片份**

〈香草麵團〉
奶油（無鹽）…… 60g
細白糖 …… 40g
低筋麵粉 …… 100g
蛋液 …… 1/2顆份

〈可可麵團〉
奶油（無鹽）…… 60g
細白糖 …… 40g
低筋麵粉 …… 80g
蛋液 …… 1/2顆份
可可粉 …… 20g

蛋液（黏著用）…… 1顆份

前置作業

- 奶油分別恢復室溫狀態。
- 低筋麵粉分別過篩。可可麵團用混合可可粉後一起過篩。
- 烤盤鋪上烘焙紙。
- 烤箱預熱至170℃。→步驟**6**放入冰箱時預熱。

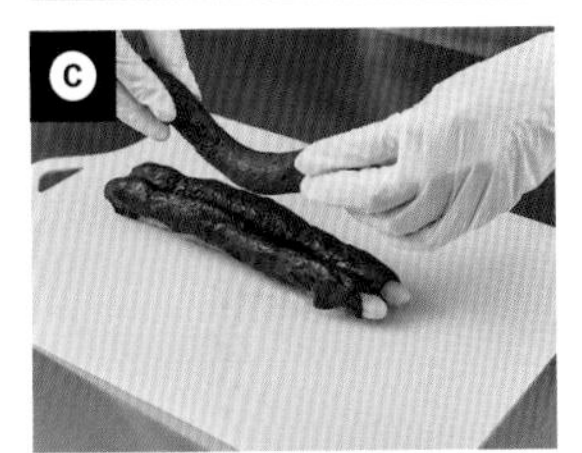

作法

1 **〈香草麵團與可可麵團〉**兩種麵團的奶油與細白糖分別倒入調理盆裡，由盆底撈起似地，以打蛋器攪拌均勻。添加蛋液後再攪拌，呈現光滑細緻質感後，添加低筋麵粉（可可麵團混合可可粉），以橡皮刮刀攪拌均勻後，彙整材料完成麵團。

2 完成麵團後，分別以保鮮膜包好，放入冰箱鬆弛30分鐘。

3 製作蘑菇形餅乾。取出60g可可麵團，分成20g，分別擺在製麵台上，兩側擺放厚0.5cm的擀麵厚度輔助尺，以擀麵棍擀成7×15cm麵皮。

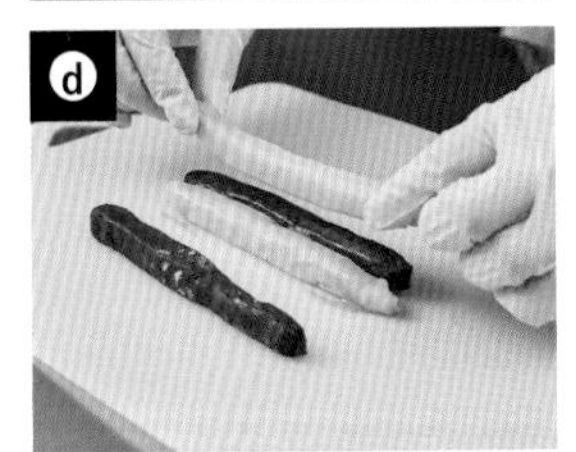

4 取出15g香草麵團，分成5g，分別揉成長15cm棒狀。

5 以毛刷沾取黏著用蛋液，塗抹步驟**3**，加上步驟**4**後，**捲成長條狀ⓐ**。共製作3條。

6 取出75g香草麵團，揉成長15cm三角柱狀。**以毛刷沾取黏著用蛋液塗抹上部**，將步驟**5** **黏在兩側ⓑ與上部ⓒ**，完成山形。以保鮮膜包好後放入冰箱。

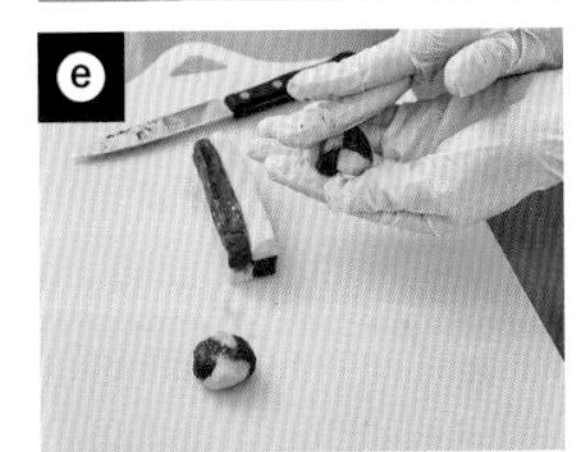

7 製作大理石紋餅乾。剩餘可可麵團與香草麵團分別分成2等份，揉成邊長1cm四角柱狀，共製作4條。塗抹黏著用蛋液後，**疊成格子狀ⓓ，切成厚2cm，以雙手微微地揉圓ⓔ**，以保鮮膜包好後放入冰箱。剩餘麵團也以相同作法揉圓後放入冰箱。

8 烘烤。由冰箱取出步驟**6**，**切成厚0.7cmⓕ後**，間隔適當距離，排入烤盤裡。步驟**7**也由冰箱取出，間隔適當距離，排入烤盤裡，以170℃烤箱裡烘烤15分鐘。烤好後取出，連同烘焙紙擺在網架上冷卻。

【步驟８】剛出爐時餅乾還很柔軟，因此連同烘焙紙一起取出，擺在網架上冷卻。製作過程中，麵團中的奶油融化，不方便作業時，請以保鮮膜包好後，放入冰箱。閒置的麵團都放入冰箱裡。

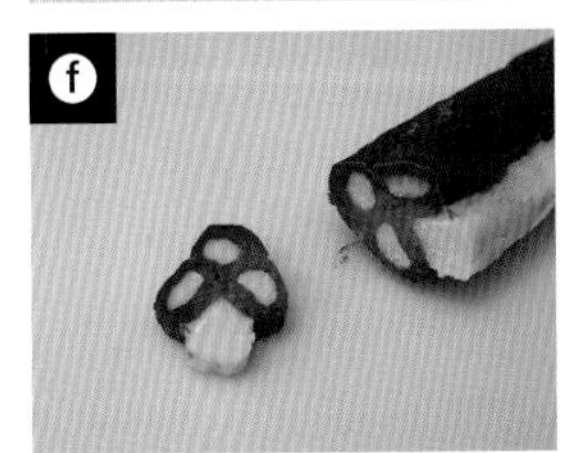

粗曠（顆粒感） 巧克力杏仁餅乾

杏仁的顆粒感與香氣，令人難以招架的美味。
混合材料、冷卻、分切、烘烤即完成。

材料　30個分

奶油（無鹽）…… 120g
細白糖 …… 80g
蛋液 …… 1顆份
A 低筋麵粉 …… 160g
A 可可粉 …… 20g
杏仁片（生）…… 80g

前置作業

- 奶油恢復室溫狀態。
- 混合材料**A**後過篩。
- 烤盤鋪上烘焙紙。
- 烤箱預熱至170℃。→步驟**2**放入冰箱時預熱。

作法

1 將奶油與細白糖倒入調理盆裡，由盆底撈起似地，以打蛋器攪拌均勻。添加蛋液後再攪拌，呈現光滑細緻質感後，添加材料**A**，以橡皮刮刀攪拌均勻。攪拌至看不出粉狀後，添加杏仁片，彙整材料完成麵團。

2 以保鮮膜包好後，以筷子推壓，**調整成棒狀**ⓐ，放入冰箱鬆弛20分鐘。

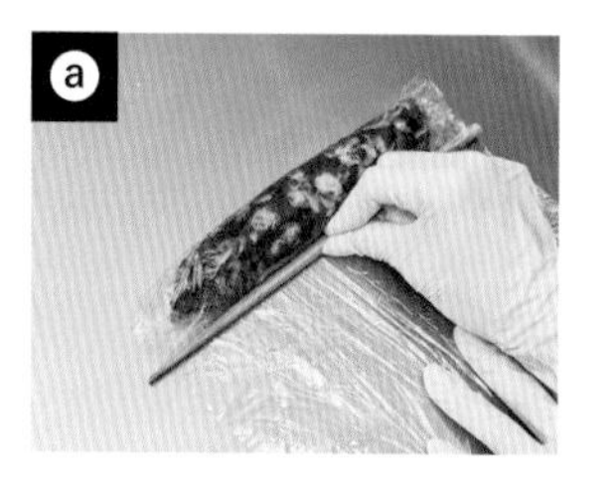

3 由冰箱取出，切成厚0.7㎝，間隔適當距離，排入烤盤裡，以170℃烤箱烘烤18分鐘。烤好後取出，連同烘焙紙擺在網架上冷卻。

memo

【步驟2】以保鮮膜包好麵團後，以筷子推壓，是為了排除材料中空氣。確實作好此步驟，完成的餅乾形狀更漂亮。放入冰箱是希望麵團切面平整又漂亮。

CHOCOLATE ALMOND COOKIES

WHOLE WHEAT RAISIN COOKIES

OATMEAL COOKIES

粗曠（顆粒感） 全麥果乾餅乾

以顆粒較粗的全麥麵粉完成口感清脆，越嚼越美味的餅乾。

材料　**直徑6cm12片份**

奶油（無鹽）…… 120g
細白糖 …… 70g
蛋液 …… 1顆份
全麥麵粉 …… 180g
果乾（葡萄乾、無籽葡萄乾、杏桃乾）
…… 共100g

前置作業

- 奶油恢復室溫狀態。
- 果乾切細末。
- 烤盤鋪上烘焙紙。
- 烤箱預熱至170℃。

作法

1 將奶油與細白糖倒入調理盆裡，由盆底撈起似地，以打蛋器攪拌均勻。添加蛋液後再攪拌，呈現光滑細緻質感後，添加全麥麵粉，以橡皮刮刀攪拌均勻。攪拌至看不出粉狀後，添加果乾，彙整材料完成麵團。

2 分成40g小麵團後，拿在手上揉成直徑約6cm**球狀**ⓐ。揉好後間隔適當距離，排入烤盤裡，以170℃烤箱烘烤25分鐘。

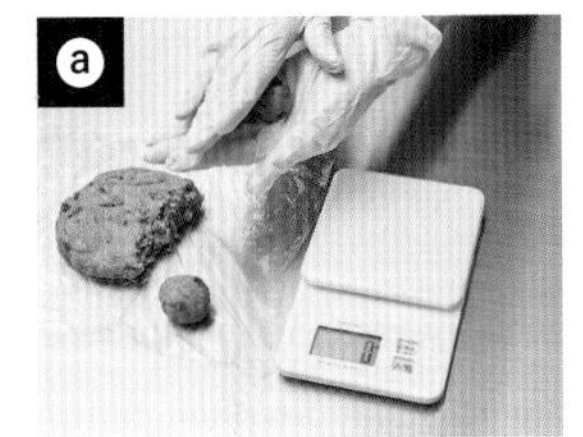

3 烤好後取出，連同烘焙紙擺在網架上冷卻。

全麥麵粉依然保有小麥的表皮與胚芽，因此風味與口感絕佳。但，100%全麥麵粉做成的餅乾，口感太粗糙，因此搭配口感比較柔軟的果乾。

粗曠（顆粒感） 燕麥餅乾

使用燕麥壓製而成的燕麥片與綜合堅果，充滿顆粒感，嚼勁十足的餅乾。

材料　**20片份**

A	燕麥片 …… 80g
	低筋麵粉 …… 40g
	綜合堅果 …… 40g
	葡萄乾 …… 40g
	肉桂粉 …… 2g

奶油（無鹽）…… 30g
蛋液 …… 1顆份
蜂蜜 …… 20g

前置作業

- 低筋麵粉過篩。
- 綜合堅果裝入塑膠袋，以擀麵棍敲碎。
- 奶油倒入耐熱容器裡，覆蓋保鮮膜，以600W微波爐加熱30秒後，邊觀察溶解情況，邊分別加熱10秒以促使融化（融化奶油）。
- 烤盤鋪上烘焙紙。
- 烤箱預熱至160℃。

作法

1 將材料**A**倒入調理盆裡，以橡皮刮刀攪拌均勻。添加融化奶油、蛋液、蜂蜜後攪拌均勻，彙整材料完成麵團。

2 取1匙麵團，以另一支湯匙背推出似地，**間隔適當距離，將麵糰排入烤盤**ⓐ。以160℃烤箱裡烘烤20分鐘。

3 烤好後取出，連同烘焙紙擺在網架上冷卻。

memo

【前置作業】微波加熱後，奶油融化時易噴濺。避免一口氣融化奶油，邊觀察邊加熱比較安心。

CHOCOLATE CHIP COOKIES

ITALIAN BUTTER COOKIES

濕潤 巧克力脆片餅乾

使用赤砂糖，味道柔和的餅乾。

材料　直徑8cm15片份

奶油（無鹽）…… 130g
赤砂 糖…… 130g
蛋液 …… 1顆份
A 低筋麵粉 …… 200g
　小蘇打 …… 1g
巧克力脆片 …… 80g

前置作業

- 奶油恢復室溫狀態。
- 混合材料**A**後過篩。
- 烤盤鋪上烘焙紙。
- 烤箱預熱至180℃。

作法

1 將奶油與赤砂糖倒入調理盆裡，由盆底撈起似地，以打蛋器攪拌均勻。添加蛋液後再攪拌，呈現光滑細緻質感後，添加材料**A**，以橡皮刮刀攪拌至看不出粉狀為止。**添加巧克力脆片後再攪拌ⓐ**，彙整材料完成麵團。

2 取1匙麵團，以另一支湯匙背推出似地，間隔適當距離，排入烤盤。

3 以180℃烤箱烘烤20分鐘，烤好後取出，連同烘焙紙擺在網架上冷卻，

memo

赤砂糖是精製程度較低的黃褐色砂糖。以素樸風味最具特徵，比細白糖濕潤。

濕潤 義式奶油餅乾餅乾

調配柔軟濕潤的麵糊，擠成漂亮形狀後烤成餅乾。重點是描畫「の」字似地擠出麵糊。

材料　直徑5cm16片份

奶油（無鹽）…… 150g
細白糖 …… 60g
A 鮮奶油（乳脂肪含量35%）…… 20g
　香草精 …… 3滴
　低筋麵粉 …… 180g
銀珠糖 …… 3g

前置作業

- 奶油恢復室溫狀態。
- 低筋麵粉過篩。
- 擠花袋裝上星形花嘴（7齒／1.5cm）後，扭轉袋子部位，放入杯子等容器裡，朝著外側反摺袋口。
- 烤盤鋪上烘焙紙。
- 烤箱預熱至160℃。→步驟**2**放入冰箱時預熱。

作法

1 將奶油與細白糖倒入調理盆裡，由盆底撈起似地，以打蛋器攪拌均勻。添加材料**A**，以橡皮刮刀攪拌至看不出粉狀後，裝入擠花袋。

2 在烤盤上描畫「の」字似地，**間隔適當距離，擠出直徑約4cm的麵糊ⓐ**，撒上銀珠糖。連同烤盤放入冰箱冷卻10分鐘。

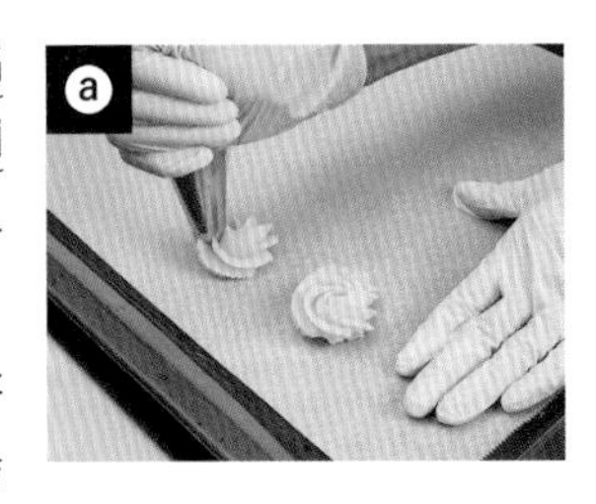

3 以160℃烤箱烘烤20分鐘，烤好後取出，連同烘焙紙擺在網架上冷卻。

memo

口感濕潤的餅乾，烘烤後，麵糊還會自動擴散開來。排入烤盤時，間隔距離必須很充分。

濕潤 巧克力棉花糖餅乾

添加人見人愛的棉花糖，增添Q軟彈牙絕妙口感。

材料　12片份

奶油（無鹽）…… 80g
赤砂糖 …… 80g
A
低筋麵粉 …… 180g
可可粉 …… 20g
小蘇打 …… 1g
蛋液 …… 1顆份
巧克力脆片 …… 10g
棉花糖 …… 12顆

前置作業

- 奶油恢復室溫狀態。
- 混合材料**A**後過篩。
- 烤盤鋪上烘焙紙。
- 烤箱預熱至170℃。

作法

1. 將奶油與赤砂糖倒入調理盆裡，由盆底撈起似地，以打蛋器攪拌均勻。添加蛋液後再攪拌，呈現光滑細緻質感後，添加材料A，以橡皮刮刀攪拌至看不出粉狀為止。彙整材料完成麵團。
2. 分成30g小麵團，拿在手上延展成直徑約7cm的麵皮後，**包入棉花糖ⓐ**。包好後分別撒上1小撮巧克力脆片。
3. 間隔適當距離，排入烤盤裡，以170℃烤箱烘烤18分鐘。烤好後取出，連同烘焙紙擺在網架上冷卻。

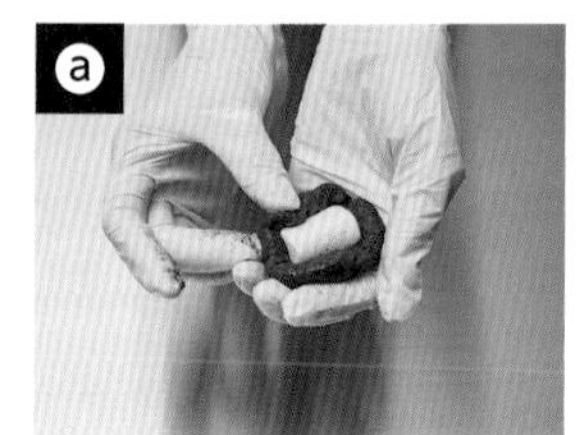

Memo

烘烤後棉花糖膨脹，麵皮會跟著延展擴散，因此【步驟3】排入烤盤的間隔距離必須更加充分。剛出爐時餅乾還很柔軟，因此取出後連同烘焙紙擺在網架上冷卻。

濕潤 色彩繽紛的巧克力米餅乾

以色彩繽紛的巧克力米吸引目光的餅乾。

材料　直徑8cm15片份

奶油（無鹽）…… 130g
細白糖 …… 130g
蛋液 …… 1顆份
A
低筋麵粉 …… 200g
小蘇打 …… 1g
巧克力米 …… 80g

前置作業

- 奶油恢復室溫狀態。
- 混合材料**A**後過篩。
- 烤盤鋪上烘焙紙。
- 烤箱預熱至180℃。

作法

1. 將奶油與細白糖倒入調理盆裡，由盆底撈起似地，以打蛋器攪拌均勻。添加蛋液後再攪拌，呈現光滑細緻質感後，添加材料**A**，以橡皮刮刀攪拌至看不出粉狀為止。**添加巧克力米後再攪拌ⓐ**，然後彙整材料完成麵團。
2. 以湯匙分別取出35g巧克力米麵團，間隔適當距離，排入烤盤，再以湯匙背延展成直徑約7cm的麵餅。
3. 以180℃烤箱烘烤20分鐘。烤好後取出，連同烘焙紙擺在網架上冷卻。

Memo

口感濕潤的餅乾，烘烤後，麵糊還會自動擴散開來。排入烤盤時，間隔距離必須很充分。

MARSHMALLOW STUFFED COOKIES

SPRINKLE CHOCOLATE COOKIES

SPANISH POLVORONS

FRENCH SABLES DIAMANTS

西班牙杏仁餅乾 POLVORON

→RECIPE p.36

法式沙布列鑽石餅乾

→RECIPE p.37

SNOWBALL COOKIES

雪球餅乾

→RECIPE p.37

酥鬆　西班牙杏仁餅乾 POLVORON

連續唸“POLVORON”三次，願望就會實現……。

材料　10個分

奶油（無鹽）…… 50g
糖粉 …… 30g

A	
	低筋麵粉 …… 50g
	杏仁粉 …… 50g
	葡萄乾 …… 20

糖粉（最後修飾用）…… 20g

前置作業

・奶油恢復室溫狀態。
・低筋麵粉過篩，烤盤鋪上烘焙紙後，薄薄地鋪一層低筋麵粉，放入預熱至200℃的烤箱裡，從5分鐘**開始烤起** 。

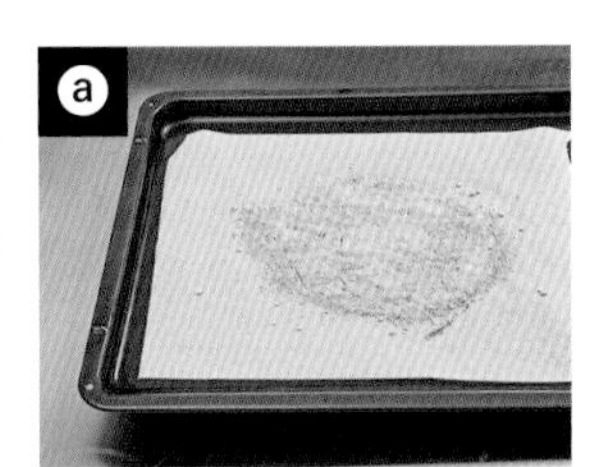

・葡萄乾切碎。
・烤盤鋪上烘焙紙。
・烤箱預熱至160℃。→步驟**2**放入冰箱時預熱。

作法

1 將奶油與糖粉倒入調理盆裡，由盆底撈起似地，以打蛋器攪拌均勻。添加材料**A**，以刮板切拌混合後，彙整材料完成麵團。以保鮮膜包好後，放入冰箱鬆弛30分鐘。

2 由冰箱取出，擺在製麵台上，兩側分別擺放厚1㎝的擀麵厚度輔助尺，以擀麵棍擀成麵皮，再以直徑4㎝圓形模型套切麵餅後，排入烤盤。套切麵餅後，彙整剩餘部分，重新完成麵團，以相同方法擀成麵皮，再以模型套切麵餅，排入烤盤。然後連同烤盤放入冰箱冷卻10分鐘。

3 以160℃烤箱烘烤15分鐘。烤好後取出，繼續擺在烤盤上，稍微散熱冷卻，以濾茶器撒上糖粉。

Memo

麵粉事先乾炒處理過，避免產生筋性，就能夠完成口感酥鬆的餅乾。

酥鬆 法式沙布列鑽石餅乾

細白糖閃閃發光的法式沙布列鑽石餅乾。不以雞蛋結合材料，口感酥鬆的厚片餅乾。

材料　30片份

奶油（無鹽）…… 90g
細白糖 …… 40g
低筋麵粉 …… 130g
香草精 …… 3滴
細白糖（最後修飾用）…… 適量

前置作業

- 奶油恢復室溫狀態。
- 低筋麵粉過篩。
- 最後修飾用細白糖倒入方形淺盤。
- 烤盤鋪上烘焙紙。
- 烤箱預熱至160℃。→步驟**2**放入冰箱時預熱。

作法

1 將奶油與細白糖倒入調理盆裡，由盆底撈起似地，以打蛋器攪拌均勻。添加低筋麵粉後，以刮板切拌混合至看不出粉狀為止。添加香草精後再攪拌，然後彙整材料完成麵團。

2 以保鮮膜包好後滾動，以筷子推壓塑形，完成直徑2㎝圓柱狀（請參照p.26圖片）。放入冰箱鬆弛20分鐘。

3 由冰箱取出後，拿掉保鮮膜。放入方形淺盤，**滾動麵團，裹上細白糖ⓐ**。切成厚1㎝麵餅，排入烤盤，以160℃烤箱烘烤20分。

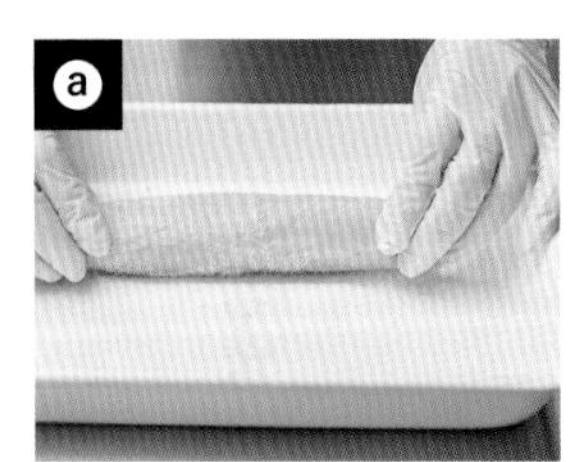

4 由烤箱取出後，直接擺在烤盤上稍微散熱冷卻。

酥鬆 雪球餅乾

膨鬆柔軟，風味絕佳，口感酥鬆的餅乾。

材料　20個分

奶油（無鹽）…… 50g
糖粉 …… 25g

A	
	低筋麵粉 …… 75g
	杏仁粉 …… 25g
	紅茶的茶葉 …… 2g

糖粉（最後修飾用）…… 20g

前置作業

- 奶油恢復室溫狀態。
- 低筋麵粉過篩。
- 紅茶的茶葉以研磨缽磨碎。
- 最後修飾用細白糖倒入方形淺盤。
- 烤盤鋪上烘焙紙。
- 烤箱預熱至160℃。→步驟**2**放入冰箱時預熱。

作法

1 將奶油與糖粉倒入調理盆裡，由盆底撈起似地，以打蛋器攪拌均勻。添加材料**A**，**以刮板切拌混合ⓐ**，完全看不出粉狀後，以保鮮膜包好，放入冰箱醒麵30分鐘。

2 分成8g左右的小麵團，拿在手上揉成球狀後，排入烤盤。連同烤盤放入冰箱冷卻10分鐘。

3 以160℃烤箱烘烤15分鐘，取出後直接擺在烤盤上稍微散熱冷卻。

4 放入方形淺盤裡滾動，雪球餅乾表面確實地裹上糖粉。

memo

【步驟1】以刮板切拌混合材料，避免揉麵而產生筋性，完成口感酥鬆的雪球餅乾。放入冰箱冷卻，可使麵團材料更加融合，抑制麵團產生筋性。

Q.

「果凍的彈力，為什麼不一樣呢？」

A.使用的凝固材料特性不同，完成的果凍彈力就不一樣。

口感Q彈的吉利丁果凍

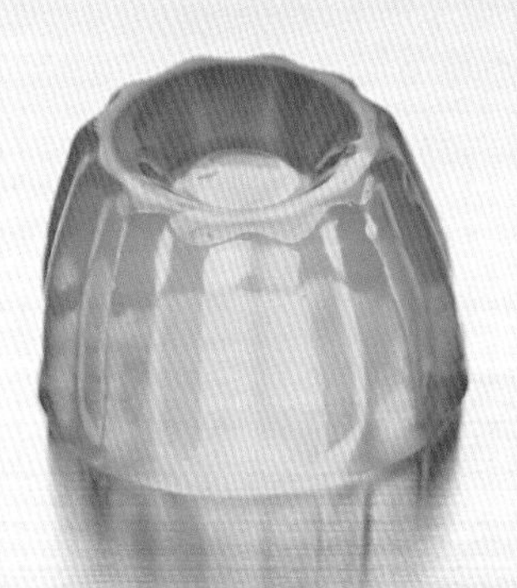

口感滑潤的洋菜果凍

口感清脆的寒天果凍

實驗③

以三種凝固材料完成果凍後觀察外觀與口感上差異

等量「風味水（蜜桃口味）」，分別添加等量「吉利丁」、「洋菜」、「寒天」凝固材料，調成果凍液，倒入3 × 高4㎝可麗露模型，完成果凍。

凝固材料	吉利丁2g	洋菜2g	寒天2g
風味水（Flavored water）	100g	100g	100g

完成果凍後比較外觀與口感上差異

■吉利丁

果凍透明，表面平滑無稜角，質地柔軟不易維持形狀。口感滑潤，入口即化。

■洋菜

果凍透明度降低，容易維持形狀。口感Q彈，倒入容器後不斷地晃動，容易吞嚥。

■寒天

果凍略微混濁，能夠確實地維持形狀。口感Q軟有嚼勁。

＊ 關於透明度：單純指這次實驗的調配份量所呈現的透明度。通常，相對於液體，凝固材料的份量增加（比例提昇），透明度就會跟著改變。

剖析凝固材料的特性

■吉利丁

吉利丁原料是從動物性膠原蛋白萃取的蛋白質成分。富含蛋白質分解酵素成分的鳳梨、奇異果等，添加吉利丁完成的果凍液，無法凝固成果凍。材料必須加熱至60℃才能夠溶解吉利丁。溫度低於20℃凝固，高於25℃融化，因此完成果凍後無法長時間置於室溫環境。

■洋菜

洋菜原料為海藻與豆科植物（刺槐豆膠）的種子等植物纖維。材料必須加熱至100℃才能夠溶解洋菜。溫度低於40℃凝固，高於60℃融化，完成果凍後可置於室溫環境。放入口中也不融化。

■寒天

寒天原料為海藻，是植物纖維。材料必須加熱至100℃才能夠溶解寒天。溫度低於40℃凝固，高於70℃融化，完成果凍後可置於室溫環境。放入口中也不融化。

吉利丁 彩虹果凍

調好果凍液，依序倒入玻璃杯裡，形成彩虹般色層。作畫似地堆疊果凍液吧！

材料　容量150mℓ玻璃杯3杯份

冷水 …… 360g
細白糖 …… 10g
吉利丁片（2.5g）…… 3片
刨冰糖漿（草莓、藍色夏威夷、檸檬）
…… 各10g

前置作業

- 刨冰糖漿各5g，分別倒入容器裡（＝原色糖漿3杯）。
- 混合原色糖漿，調配另外3種顏色的糖漿後，分別倒入容器裡（＝調色糖漿3杯）。
檸檬（黃色）3g＋草莓（紅色）2g→橘色。藍色夏威夷（藍色）3g＋檸檬（黃色）2g→綠色。草莓（紅色）3g＋藍色夏威夷（藍色）2g→紫紅色。
- 吉利丁片以大量冷水泡軟。

作法

1 將冷水與細白糖倒入鍋裡，以中火加熱，邊加熱邊以橡皮刮刀攪拌，沸騰前關掉爐火。

2 吉利丁片用手擠掉多餘的水份後，放入步驟**1**，邊以橡皮刮刀攪拌邊溶解，完成果凍液。裝著原色糖漿與調色糖漿（各3杯）的容器，分別注入60g果凍液。

3 注入果凍液後，1個玻璃杯直立擺放，另外2個玻璃杯傾斜放入小容器裡，分別倒入20g左右的藍色果凍液，放入冰箱冷卻40分鐘促使凝固。然後**重複相同步驟ⓐ**，依序倒入綠色、橘色、紅色、黃色、紫紅色果凍液。**傾斜擺放的玻璃杯添加黃色果凍液前，先改變擺放方向ⓑ**。

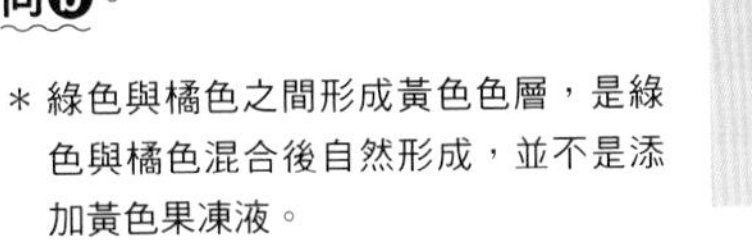
＊綠色與橘色之間形成黃色色層，是綠色與橘色混合後自然形成，並不是添加黃色果凍液。

ⓐ

ⓑ

Memo

放入冰箱冷卻凝固過程中，調好後備用的果凍液出現凝固現象時，不覆蓋保鮮膜，直接以600W微波爐加熱10秒鐘，然後搖晃容器促使果凍液均勻地溶解。未完全溶解，發現塊狀時，再加熱10秒鐘，邊觀察溶解情形，邊短時間多次加熱促使溶解。

混色實驗

顏色的三原色分別為紅、黃、藍，是光線照射後反射，就能夠看見的顏色。混合2種顏色就會產生不同的顏色，混合3種顏色則會產生近似黑色的顏色。混合2種顏色時，改變混合比例，產生的顏色就不一樣，可調出無限多種顏色。不妨試著調配出各種顏色。本單元就是以三原色（紅、黃、藍）刨冰糖漿原液，進行混色實驗，分別以2種顏色的糖漿原液，產生3種嶄新的顏色。
檸檬（黃色）：草莓（紅色）＝5：7→橘色
藍色夏威夷（藍色）：檸檬（黃色）＝6：5→綠色
草莓（紅色）：藍色夏威夷（藍色）＝3：2→紫紅色

＊關於糖漿的調配比例：單純指這次實驗的調配比例。與上述「彩虹果凍」使用的糖漿比例不同。

原色糖漿（左起）
草莓→紅色
檸檬→黃色
藍色夏威夷→藍色

調色糖漿（左起）
黃色 × 紅色→橘色
藍色 × 黃色→綠色
紅色 × 藍色→紫紅色

吉利丁

柳橙軟糖

增加吉利丁用量，口感Q彈，嚼勁十足。以各種模型做出不同形狀的軟糖盡情地享用吧！

材料　**單孔尺寸2.5 × 2.5cm高1.5cm的矽膠模（愛心、玫瑰、寶石）20顆份**

柳橙果汁（100%果汁）⋯⋯ 100g
吉利丁片（2.5g）⋯⋯ 4片

前置作業

・吉利丁片以大量冷水泡軟。

作法

1　果汁倒入鍋裡，以中火加熱，沸騰前關掉爐火。

2　吉利丁片用手擠掉多餘的水份後，放入步驟**1**，邊以橡皮刮刀攪拌邊溶解，完成柳橙軟糖液。

3　矽膠模過水後，**倒入柳橙軟糖液ⓐ**，放入冰箱冷卻30分鐘促使凝固。凝固成軟糖後，手指由模型底部往上推壓，取出軟糖。

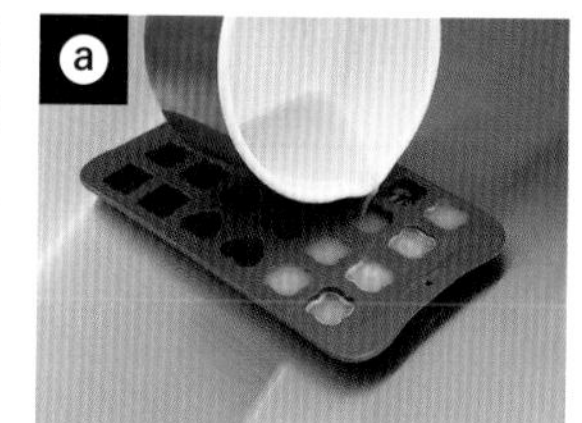

memo

軟糖作法【步驟3】，矽膠模過水形成膜，完成軟糖後更容易脫模。製作時大量添加吉利丁，軟糖質地較硬，手指推壓就能夠輕易地脫模取出。

吉利丁

口感清脆的吉利丁薄片

宛如玻璃紙，奇妙無比的甜點。活用吉利丁的透明度。

材料　**直徑13cm2片**

吉利丁片（2.5g）⋯⋯ 2片
食用色素（橘色、藍色）⋯⋯ 各極少量

前置作業

・吉利丁片分別以大量冷水泡軟。

搭配冰淇淋等冰品，美味又賞心悅目！

作法

1　吉利丁片用手擠掉多餘的水份後，分別放入耐熱容器裡。不覆蓋保鮮膜，直接以600W電磁爐加熱10秒鐘，用手輕輕地搖晃容器至吉利丁完全溶解為止。

2　以牙籤尖端沾上少許食用色素，加入步驟**1**，分別染成橘色與藍色。用手輕輕地搖晃容器，完成顏色均勻漂亮的吉利丁液。

3　完成吉利丁液後，分別倒在烘焙用揉麵墊上（或倒扣的方形淺盤底面），**以蛋糕抹刀均勻地抹開ⓐ**。置於室溫環境，乾燥3～4小時（夏季5～6小時）後，以蛋糕抹刀輕輕地挑起，**用手塑形成喜愛的形狀ⓑ**。

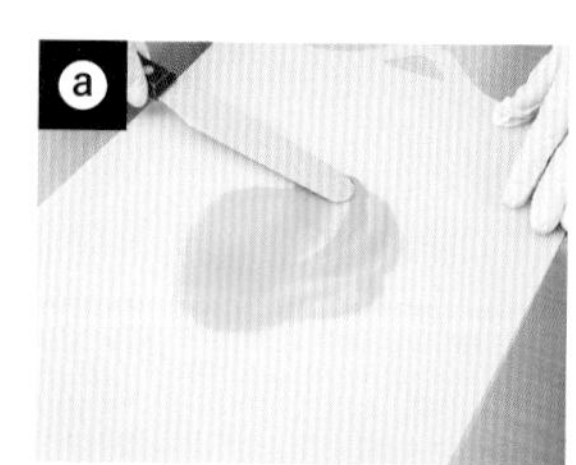

4　塑形後直接擺在室溫環境，直到完全乾燥為止。

LAVENDER CAVIAR

以針筒完成粒粒分明的珍珠果凍

→RECIPE p.46

以吸管完成盛開的立體果凍花

→RECIPE p.47

BLOOMING FLOWER JELLY

洋菜 以針筒完成粒粒分明的珍珠果凍

利用40℃就會凝固的洋菜特性。果凍液滴入冰冷的油中，遇冷迅速地凝固成珍珠般顆粒狀果凍。

材料　方便製作的份量

A
細白糖 …… 10g
洋菜 …… 5g

薰衣草（乾燥）…… 1小匙
冷水 …… 100g
檸檬 …… 1/5顆
沙拉油 …… 100g

前置作業

- 將材料**A**倒入調理盆裡攪拌均勻。
- 薰衣草裝入過濾茶葉或湯汁的不織布小袋。
- 沙拉油倒入杯身較高的玻璃杯裡，放入冰箱冰鎮備用。

作法

1 將冷水與薰衣草倒入鍋裡，以中火加熱，煮滾後關掉爐火。取出薰衣草，擠入檸檬汁，**調成粉紅色果凍液ⓐ**。

2 邊少量多次添加材料**A**，邊以打蛋器輕輕攪拌，避免打出泡沫，確實溶解後注入針筒。

3 由冰箱取出裝著沙拉油的玻璃杯，少量多次，將步驟**2**滴入杯裡。凝固成顆粒狀後，撈到簍子裡，**將表面的沙拉油沖洗乾淨ⓑ**。

Memo

【步驟1】薰衣草的花青素成分接觸檸檬汁後，產生酸性反應而呈現出粉紅色澤。【步驟2】洋菜容易形成顆粒，因此少量多次添加，輕輕地攪拌混合。此時若用力攪拌，打入空氣，產生泡沫，就無法完成口感絕佳的果凍。【步驟3】水是比重大於油的液體。將大量水份調成的果凍液，滴入冰冷的油中，果凍液遇冷，迅速地凝固成顆粒狀果凍。

珍珠果凍汽水

珍珠果凍直接吃就很美味。玻璃杯裝入20g珍珠果凍與冰塊後，注入200g氣泡水，完成冰涼飲料更加經典。

洋菜 以吸管完成盛開的立體果凍花

融合吉利丁與洋菜，精心製作完成美味又賞心悅目的立體果凍花。

材料　**直徑7cm耐熱容器4個份**

A 細白糖…… 30g
　洋菜…… 10g

冷水…… 300g

〈花朵果凍液〉

牛奶…… 100g

吉利丁片…… 2.5g

刨冰糖漿（草莓、藍色夏威夷）…… 各3g

前置作業

- 將材料A倒入調理盆裡攪拌均勻。
- 吉利丁片以大量冷水泡軟。
- 修剪吸管。**1根剪開成S形，另1根斜剪成45度ⓐ**。

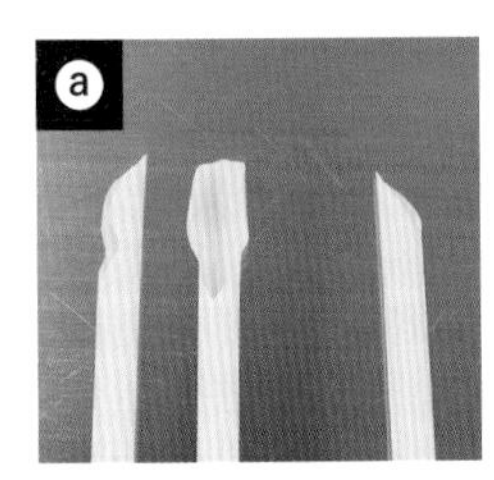

Memo

【步驟5】以洋菜完成質地扎實的果凍，插入吸管，形成切口，注入花朵果凍液，完成賞心悅目的立體果凍花。

作法

1 將記載份量的冷水倒入鍋裡，以中火加熱，邊少量多次添加材料**A**，邊以打蛋器輕輕攪拌，避免打出泡沫，煮滾後關掉爐火。

2 煮好後分成4等份，容器過水後倒入其中1份，放入冰箱冷卻40分鐘促使凝固。

3 〈花朵果凍液〉將牛奶倒入鍋裡，以中火加熱，沸騰前關掉爐火。吉利丁片用手擠掉多餘的水份後加入，以橡皮刮刀攪拌促使溶解。溶解後取2個小型容器，各倒入一半份量，分別添加草莓糖漿與藍色夏威夷糖漿，以湯匙攪拌均勻。

4 由冰箱取出步驟**2**，利用湯匙，在果凍**中央挖1個小孔洞ⓑ**後，**注入少量**步驟**3**添加草莓糖漿的花朵**果凍液ⓒ**。

5 製作立體果凍花。先以牙籤**戳刺下方10次ⓓ**，完成雄蕊與雌蕊。接著將斜剪的吸管傾斜45度，沿著雄蕊與雌蕊外側繞一圈**戳刺10次ⓔ**。然後將剪開成S形的吸管傾斜60度，再沿著周圍**戳刺10次ⓕ**。戳刺過程中，花朵果凍液用完時，立即以湯匙，由吸管孔洞補充。最後，放入冰箱冷卻40分鐘至凝固為止。然後運用相同作法，以添加藍色夏威夷糖漿的花朵果凍液，完成立體果凍花。

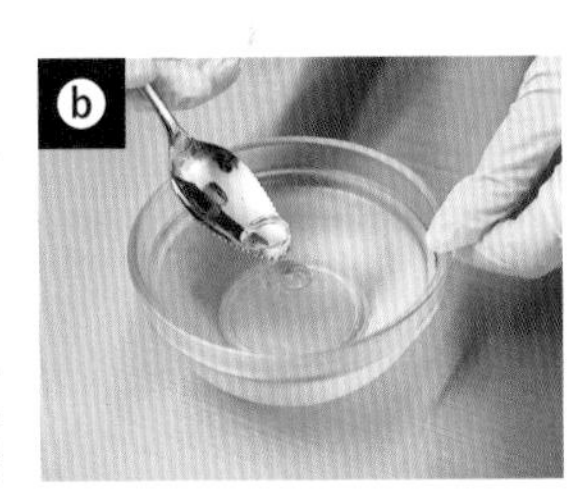

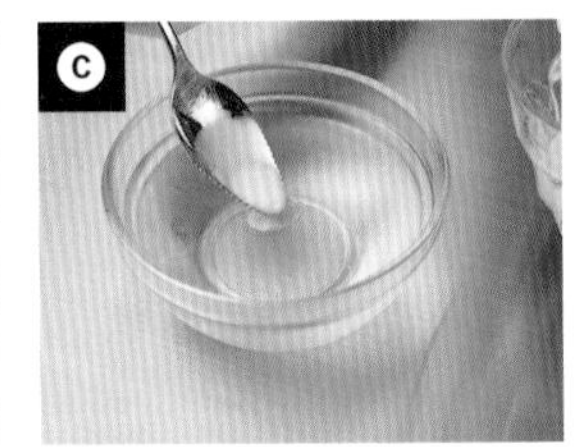

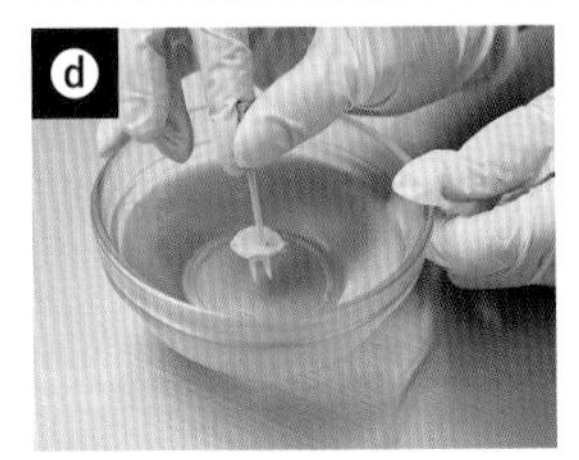

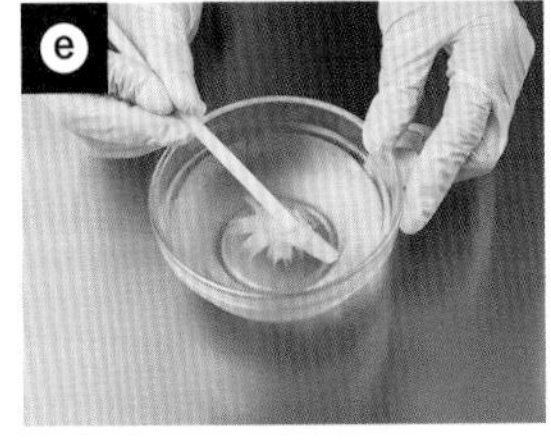

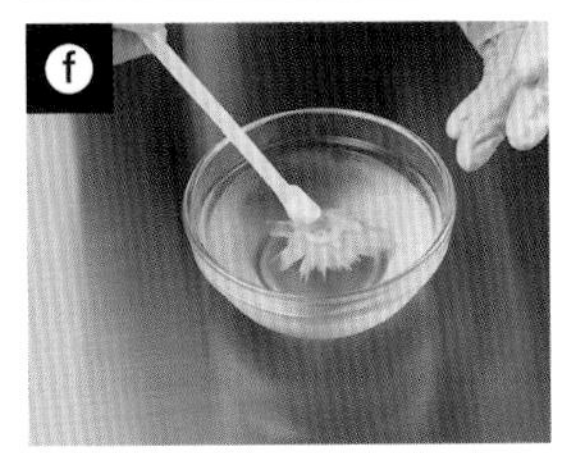

洋菜 以水球製作水信玄餅

以水球製作，趣味性十足的果凍。以洋菜凝固材料，完成纖細造型的球狀果凍。

材料　水球8個份

A
- 細白糖 …… 10g
- 洋菜 …… 5g

冷水 …… 250g
黃豆粉 …… 20g
黑糖蜜（市售）…… 20g

前置作業

- 將材料**A**倒入調理盆裡攪拌均勻。
- 重複「注入冷水→排出冷水」步驟2次，利用針筒，將水球內部清洗乾淨。

作法

1. 將記載份量的冷水倒入鍋裡，以中火加熱，邊少量多次添加材料**A**，邊以打蛋器輕輕攪拌，避免打出泡沫，煮滾後關掉爐火。
2. 稍微散熱冷卻後，裝入針筒，**注入氣球約20㎖完成果凍水球ⓐ**，綁緊開口。共製作8個果凍水球，擺在方形淺盤裡，放入冰箱冷卻40分鐘促使凝固。
3. 由冰箱取出果凍水球，擺在手上，以牙籤戳破氣球，**取出果凍ⓑ**。盛入容器裡，淋上黑糖蜜，撒上黃豆粉。

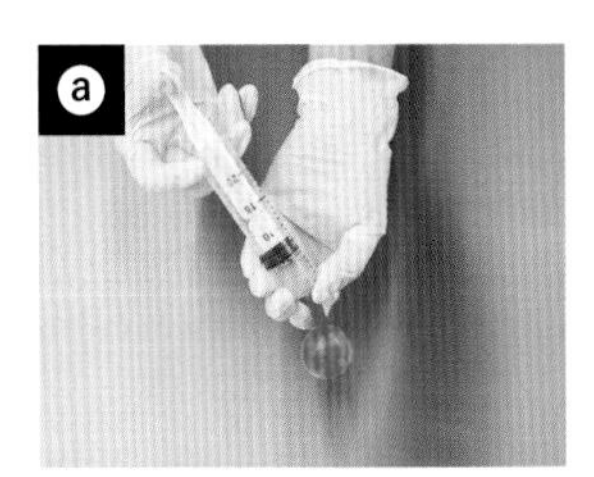
a

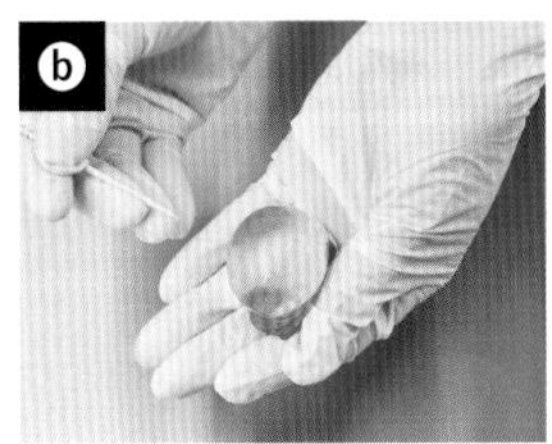
b

memo

由冰箱取出果凍水球後，以牙籤戳破氣球，就會產生果凍擠出與氣球收縮的兩種力量，撐破小孔洞，露出渾圓飽滿，口感Q彈的果凍。

手工熬製黑糖蜜

材料與作法（完成份量約200g）

將100g黑糖（粉末）與100g冷水倒入鍋裡，以小火加熱，邊以橡皮刮刀攪拌，邊熬煮約8分鐘，熬出濃稠度後離火。稍微散熱冷卻後，倒入容器裡，放入冰箱確實地冷卻。

＊ 使用固體黑糖時，請裝入塑膠袋，以擀麵棍碾碎。

KOHAKUTO CANDIES

寒天 琥珀羊羹

完成糖漿漬柳橙後一起凝固，味道清爽的甜點。

材料　14×16×高3cm方形淺盤1個份

A
細白糖 …… 300g
寒天粉 …… 4g
冷水 …… 200g

〈糖漿漬柳橙〉
柳橙 …… 1顆
細白糖 …… 200g
冷水 …… 200g

前置作業

・柳橙對切成兩半，其中一半連皮輪切成厚0.3cm薄片，另一半切成厚0.3cm半月形。

作法

1 〈糖漿漬柳橙〉將熱水（份量外）倒入鍋裡，煮沸後倒入切成片狀的柳橙，加熱1分鐘，關掉爐火，取出柳橙片，浸泡冷水。將記載份量的冷水與細白糖倒入鍋裡，加入微微地濾乾水份的柳橙片，以小火烹煮40分鐘。煮好後分別取出柳橙片，間隔適當距離，排放在烘焙紙上。

2 將材料**A**倒入鍋裡，以中火加熱，以橡皮刮刀攪拌促使溶解。沸騰後轉小火，繼續加熱2分鐘後離火。

3 方形淺盤過水後，倒入步驟**2**，**以長筷排入步驟1ⓐ**。放入冰箱冷卻30分鐘促使凝固。

4 凝固後用手由淺盤取出，切成2×4.5cm片狀。

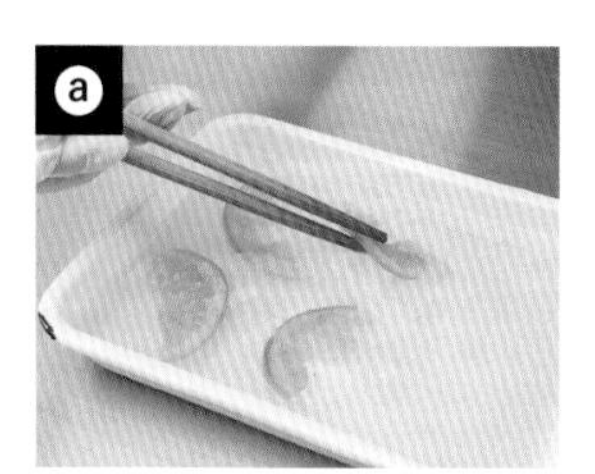

寒天 琥珀糖

脫模後需要多花些時間完成的甜點。

材料　14×16×高3cm方形淺盤1個份

A
細白糖…… 300g
寒天粉…… 4g
冷水…… 200g

刨冰糖漿（草莓、藍色夏威夷）
…… 各2g

作法

1 將材料**A**倒入鍋裡，以中火加熱，邊烹煮邊以橡皮刮刀攪拌促使溶解。沸騰後轉小火，繼續加熱2分鐘後離火。

2 煮好後取2個耐熱容器，各倒入一半份量，分別添加草莓糖漿與藍色夏威夷糖漿，以湯匙攪拌均勻。

3 方形淺盤過水後，先倒入添加藍色夏威夷糖漿的寒天液，再靠近方形淺盤邊端位置，倒入**添加草莓糖漿的寒天液ⓐ**。這麼做就能夠完成淡雅漂亮漸層色彩的果凍。然後放入冰箱冷卻30分鐘促使凝固。

4 確實凝固後，用手由方形淺盤取出果凍，擺在烘焙紙上，以模型套切直徑4cm的圓形小果凍，間隔適當距離，排入方形淺盤裡，套切後剩下的寒天果凍，分別**切成方便食用大小ⓑ**，同樣排入淺盤裡。

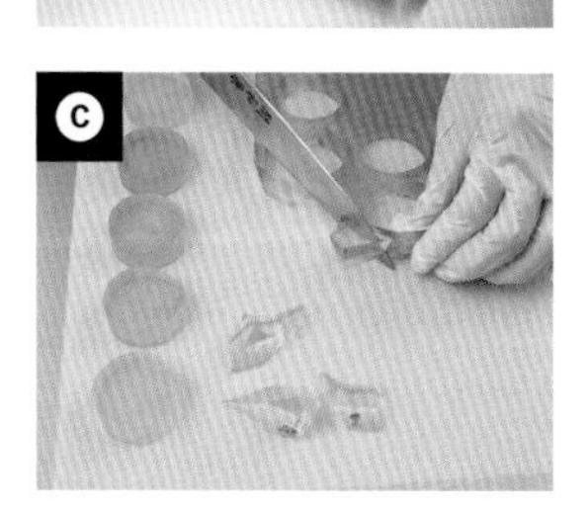

5 擺在通風良好的場所乾燥2天（夏季約3天）。翻面後再乾燥2天即完成琥珀糖。

memo

乾燥期間能夠觀察到砂糖呈現結晶化的整個過程。果凍表面的水份逐漸蒸發，素材越來越安定，凝固硬化成糖果的過程稱為結晶化。這是只有外側呈現結晶化的半生和菓子（水份含量10%～30%的日式甜點）。

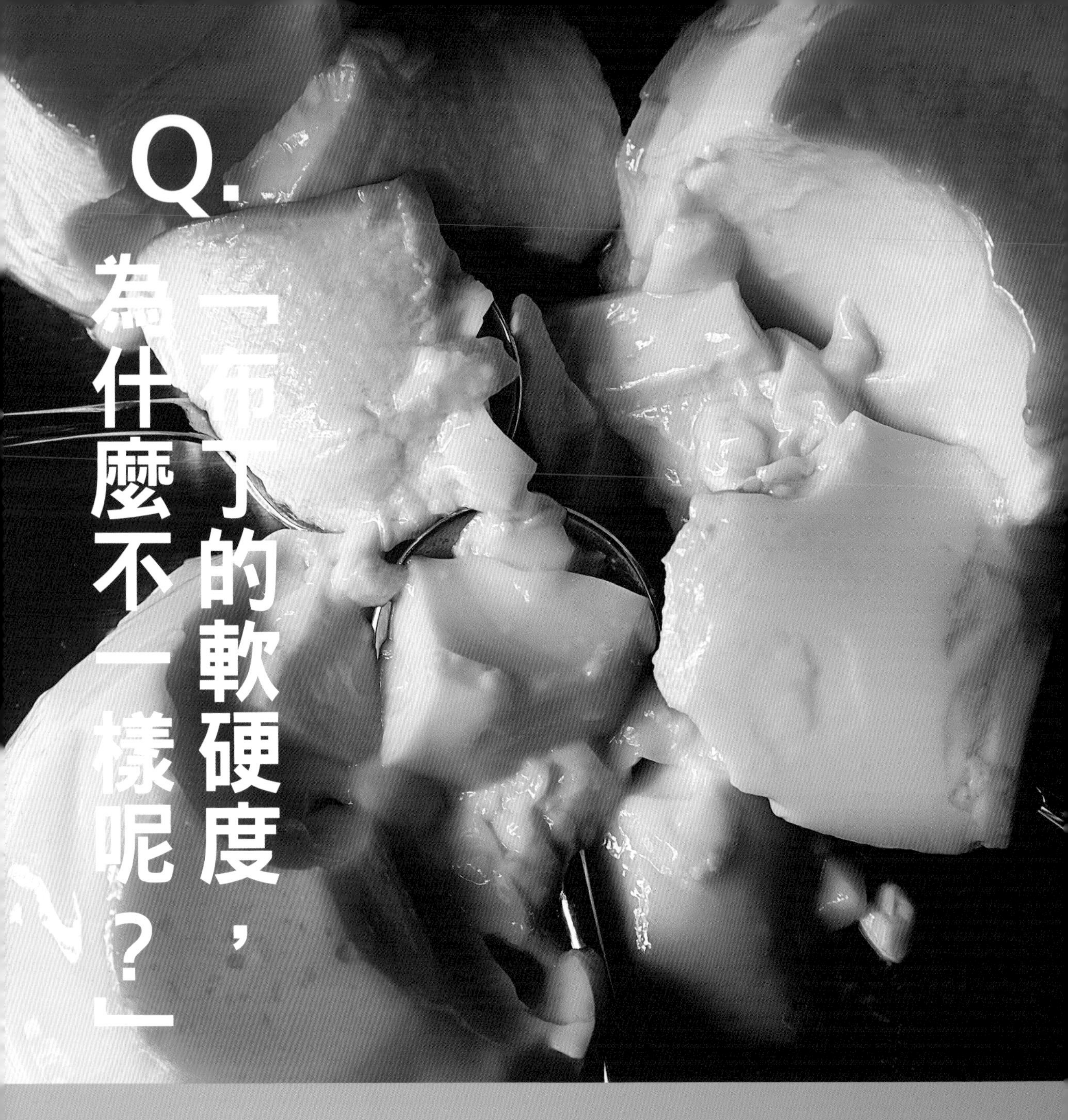

Q.「布丁的軟硬度，為什麼不一樣呢？」

A.硬化方式不同，完成的布丁軟硬度就不一樣。

蒸煮　烘烤　冷卻

以三種凝固方式完成布丁後觀察外觀與口感上差異

「蒸煮」、「烘烤」部分使用的材料種類與份量都一樣，以加熱方式凝固材料。「冷卻」部分的材料略微不同，添加洋菜，以冷卻方式凝固材料。以「冷卻」方式製作布丁時，不需要仰賴雞蛋的凝固力，因此雞蛋份量減半。

		凝固方式		
		蒸煮	烘烤	冷卻
材料	雞蛋	2顆	2顆	1顆
	牛奶	250g	250g	250g
	砂糖	50g	50g	50g
	香草精	3滴	3滴	3滴
	其他	無	無	吉利丁5g

完成布丁後比較外觀與口感上差異

■蒸煮

利用雞蛋遇熱凝固的特性，加熱凝固材料後完成布丁。靠由下往上竄升的蒸氣力量蒸熟，完成微微膨脹，口感滑潤細緻的布丁。蒸煮時易因材料中水份沸騰而形成氣泡。小火蒸煮即可避免。

■烘烤

利用雞蛋遇熱凝固的特性，加熱凝固材料後完成布丁。以烤箱烘烤時，材料直接接觸熱源，完成表面焦脆，內部滑潤細緻的布丁。

■冷卻

不需要仰賴雞蛋的凝固力，添加凝固液體的成分（吉利丁、巧克力、奇亞籽等），冷卻凝固後完成布丁（實驗中使用1顆雞蛋＋吉利丁）。烤出來的布丁比較低，質地柔軟，容易吸附湯匙或刀面。

以不同份量的雞蛋完成布丁比較滑潤細緻程度（軟硬度）

布丁口感與雞蛋的熱凝固特性息息相關，因此雞蛋使用份量越大，完成的布丁口感越硬。相同份量的材料，分別添加1顆、2顆、3顆雞蛋，依序增加雞蛋份量完成布丁後，比較外觀狀態與口感上差異。

■1顆

脫模後勉強維持布丁形狀。入口即化，口感滑潤細緻，但雞蛋味道不明顯。

■2顆

脫模後布丁略微下沉，質地柔軟，口感滑潤細緻。雞蛋味道明顯。

■3顆

脫模後確實維持布丁形狀。口感滑潤Q彈，雞蛋味道濃厚。

CLASSIC CARAMEL FLAN

經典焦糖布丁

→RECIPE p.56

Pudding à la mode（法式布丁）

→RECIPE p.57

CARAMEL FLAN DESSERT

蒸煮 # 經典焦糖布丁

軟硬度與甜度適中，香草香氣撲鼻，令人深深懷念的布丁。

材料 底部直徑5cm×上部直徑7.5cm×高5.5cm
布丁模4個份

〈蛋液〉
雞蛋……2顆
牛奶……250g
細白糖……50g
香草豆……1根

〈焦糖醬〉
細白糖……50g
水……10g
熱水……10g

前置作業

- 香草莢以刀尖劃開切口後，以刀背刮出種子。
- 雞蛋打入調理盆，以打蛋器打散。
- 蒸鍋裝水後，鋪上廚房用紙巾，以小火加熱。以布巾（或毛巾）包裹鍋蓋。

方便隨時取用、迅速完成美味布丁的焦糖糖果

不需要每次都熬煮焦糖醬，也不必擔心食材噴濺，使用焦糖糖果，就能夠更迅速地完成美味布丁。

材料＆作法（直徑2cm半球狀矽膠模10個份）
將100g細白糖與20g冷水倒入鍋裡，以小火加熱，步驟1與注入熱水之前作業，如同熬煮焦糖醬，完成後倒入模型。放入冰箱冷卻，凝固後取出。裝入密封容器，放入冰箱可保存1個月。

作法

1 **〈焦糖醬〉**將細白糖與記載份量的冷水倒入鍋裡，以小火加熱。煮出顏色後，轉動鍋子，使顏色更均一，煮出喜愛的焦糖色前離火，**一口氣注入熱水ⓐ**。注入熱水時易噴濺，小心處理以免燙傷！氣泡消失後，分成4等份，分別注入布丁模。使用焦糖糖果時，每個模型放入1顆。

2 **〈蛋液〉**將牛奶、香草種子、香草莢倒入鍋裡，以中火加熱，鍋邊開始冒泡時關掉爐火，讓香草的香氣轉移到牛奶裡。取出香草莢，添加細白糖，以小火加熱，沸騰前關掉爐火。

3 裝著雞蛋的調理盆少量多次添加步驟**2**後，以打蛋器攪拌均勻。然後以網杓過濾到另一個調理盆裡。

4 過濾後，以湯杓杓入步驟1的布丁模裡，分別蓋上鋁箔做成的蓋子。**放入冒著蒸氣的蒸鍋裡ⓑ**，蓋上鍋蓋，蒸煮1分鐘。鍋蓋與鍋子之間插入1根筷子以形成縫隙。在蒸氣不斷地冒出的狀態下蒸煮20分鐘。

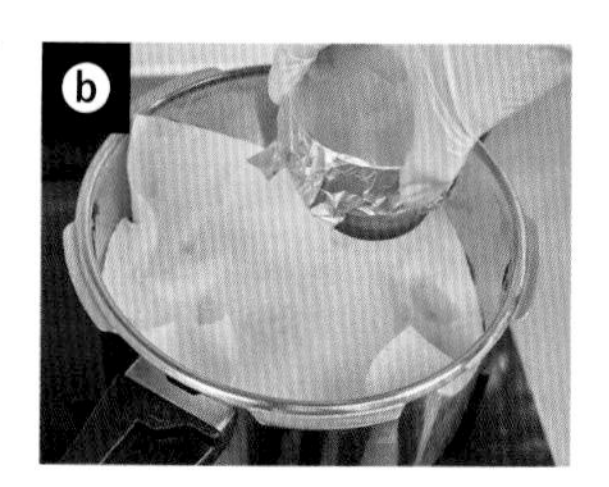

5 連同模型取出，拿掉做成蓋子的鋁箔，稍微散熱冷卻。覆蓋保鮮膜後，放入冰箱冷卻50分鐘左右。

6 蛋糕抹刀沿著模型內側劃一圈後，將容器蓋在布丁模上，雙手確實地扣緊容器與模型後翻轉（容器蓋在布丁模上狀態）。雙手用力地往左右搖晃模型1～2次後倒出布丁。無法順利地倒出布丁時，將蛋糕抹刀叉入模型與布丁之間的縫隙，空氣進入後即可取出。

Memo

【步驟4】注入布丁液後表面出現氣泡，就無法完成口感滑潤細緻的布丁。以湯匙杓掉氣泡吧！以加熱方式製作布丁時，雞蛋若加熱至沸騰，容易形成氣孔。蒸鍋鋪上廚房用紙巾，即可緩和蒸氣往上竄升的力道，蒸鍋與鍋蓋之間插入1根筷子，邊散發蒸氣邊以小火蒸煮，即可完成口感絕佳布丁。

蒸煮 Pudding à la mode（法式布丁）

增加雞蛋份量，口感綿密扎實的布丁。請搭配水果與鮮奶油盡情地享用。

材料 底部直徑5cm × 上部直徑7.5cm × 高5.5cm
布丁模4個份／4人份

〈蛋液〉
雞蛋……3顆
牛奶……200g
細白糖……50g
香草精……3滴

焦糖糖果（請參照P.56）……4顆

〈發泡鮮奶油〉
鮮奶油（乳脂肪含量35%）……100g
細白糖……10g

櫻桃（罐裝）……4顆
無花果……4顆
香蕉……1條
蘋果……1/2顆

前置作業

- 雞蛋打入調理盆，以打蛋器攪拌均勻。
- 無花果縱切成4等份，香蕉連皮斜切成4等份。蘋果連皮縱切成4等份後切除芯部，然後由兩側朝著中心，劃上切口，切成厚0.5cm片狀。重複4～5次後錯開成樹葉形狀。→步驟**4**時處理。
- 蒸鍋裝水後，鋪上廚房用紙巾，以小火加熱。以布巾（或毛巾）包裹鍋蓋。
- 擠花袋裝上星形花嘴（7齒／1.5cm）後，扭轉袋子部位，放入杯子等容器裡，朝著外側反摺袋口。

memo

【步驟6】邊冷卻邊打發鮮奶油，目的是冷卻促使乳脂肪凝固，擔心冰水跑進打發鮮奶油的調理盆時，以布巾包裹邊長約16cm的保冷劑，取代冰水，墊在盆底打發更安心。攪拌器撈起鮮奶油時，呈現堅挺尖角狀態，不會掉入調理盆裡，即完成八成打發的鮮奶油。

作法

1. **〈蛋液〉**將牛奶與細白糖倒入鍋裡，以小火加熱，沸騰前關掉爐火。
2. 裝著雞蛋的調理盆少量多次添加步驟**1**後，以打蛋器攪拌均勻。最後添加香草精，再攪拌，然後以網杓過濾到另一個調理盆裡。
3. 布丁模分別放入1顆焦糖糖果，以湯杓杓入步驟**2**，分別蓋上鋁箔做成的蓋子。放入冒著蒸氣的蒸鍋，蓋上鍋蓋，蒸煮1分鐘。鍋蓋與鍋子之間插入1根筷子形成縫隙，在蒸氣不斷地冒出的狀態下蒸煮20分鐘。
4. 連同模型取出，拿掉鋁箔，稍微散熱冷卻。覆蓋保鮮膜，放入冰箱冷卻50分鐘左右。
5. 蛋糕抹刀沿著模型內側劃一圈後，將容器蓋在布丁模上，雙手確實地扣緊容器與模型後翻轉（容器蓋在布丁模上狀態）。雙手用力地往左右搖晃模型1～2次後倒出布丁。無法順利地倒出布丁時，將蛋糕抹刀叉入模型與布丁之間的縫隙，空氣進入後即可取出。
6. **〈發泡鮮奶油〉**鮮奶油與細白糖倒入調理盆後，連盆放入裝著冰水的另一個調理盆裡，手持式電動攪拌器切換成「中速」，攪拌3分鐘左右，完成八分打發的發泡鮮奶油。
7. 將步驟**5**與切成適當大小的水果盛入容器裡，將步驟**6**擠在布丁上，加上櫻桃。

烘烤 焦糖布丁蛋糕

布丁液與海綿蛋糕融為一體，渾然天成的全新口感。

材料　**直徑16cm圓形烤模1個份**

〈蛋液〉

雞蛋 …… 2顆
牛奶 …… 250g
細白糖 …… 50g
香草精 …… 3滴

海綿蛋糕（市售˙6號）…… 1/2片
＊海綿蛋糕橫向切成2片。
焦糖糖果（請參照P.56）…… 6顆
覆盆莓 …… 6顆

前置作業

- 雞蛋打入調理盆，以打蛋器攪拌均勻。
- 烤箱預熱至150℃。

作法

1. **〈蛋液〉**將牛奶與細白糖倒入鍋裡，以小火加熱，沸騰前關掉爐火。
2. 裝著雞蛋的調理盆少量多次添加步驟**1**後，以打蛋器攪拌均勻。最後添加香草精，再攪拌，然後以網杓過濾到另一個調理盆裡。
3. 將焦糖糖果放入烤模裡，倒入步驟**2**。**疊上海綿蛋糕ⓐ**，用手壓入蛋糕至完全放入烤模裡。
4. 將步驟**3**放入尺寸大於烤模的耐熱容器（21×21×高4cm）裡，**注入熱水**至烤模高度的1/3處ⓑ，連同容器放入150℃烤箱裡烘烤30分鐘。
5. 連同烤模取出後，擺在網架上，稍微散熱冷卻。覆蓋保鮮膜後，放入冰箱冷卻1小時。
6. 蛋糕抹刀沿著模型內側劃一圈後，將容器蓋在布丁模上，雙手確實地扣緊容器與模型後翻轉（容器蓋在布丁模上狀態）。取出布丁蛋糕後，加上覆盆莓。

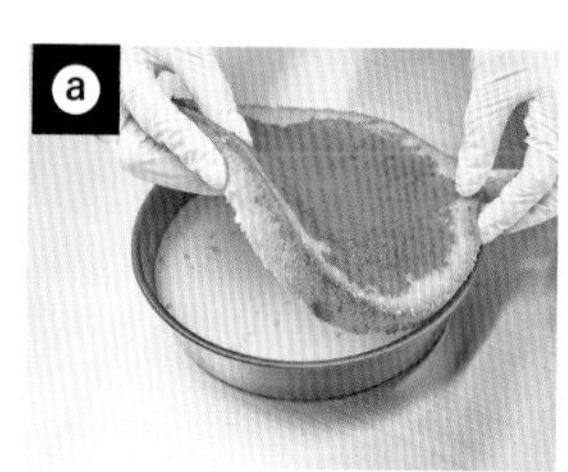

memo

【步驟2】調好蛋液後過濾，完成的布丁口感更加滑潤細緻。

CARAMEL FLAN CAKE

冷卻 義式布丁

以吉利丁凝固材料完成冰涼的布丁，脫模後有稜有角外形十分漂亮。

材料　7×16.5×高5.5cm磅蛋糕模1個份

〈蛋液〉

牛奶 …… 100g
鮮奶油（乳脂肪含量35%）…… 150g
細白糖 …… 50g
奶油起司 …… 100g
雞蛋 …… 1顆
吉利丁片 …… 5g
香草精 …… 3滴

〈焦糖醬〉

細白糖 …… 50g
冷水 …… 10g
熱水 …… 10g

前置作業

・奶油恢復室溫狀態。

・吉利丁片以大量冷水泡軟。

作法

1 **〈焦糖醬〉**將細白糖與記載份量的冷水倒入鍋裡，以小火加熱。煮出顏色後，轉動鍋子，使顏色更均一，煮出喜愛的焦糖色前離火，一口氣注入熱水。注入熱水時易噴濺，小心處理以免燙傷！氣泡消失後，倒入磅蛋糕模。

2 **〈蛋液〉**將牛奶、鮮奶油、細白糖倒入鍋裡，以小火加熱，沸騰前關掉爐火。

3 將奶油起司與雞蛋倒入調理盆裡，以打蛋器攪拌均勻後，邊攪拌邊少量多次添加步驟**2**，再攪拌。**吉利丁片用手擠乾水份後加入ⓐ**，以打蛋器攪拌促使融解。最後添加香草精，再攪拌，然後以網杓過濾到另一個調理盆。

4 將步驟**3**倒入磅蛋糕模裡，不覆蓋保鮮膜，直接放入冰箱冷卻1小時促使凝固。

5 蛋糕抹刀沿著模型內側劃一圈後，連同磅蛋糕模放入裝著熱水（約30℃）的方形淺盤裡，隔水加熱約1分鐘。將容器蓋在布丁模上，雙手確實地扣緊容器與模型後翻轉，取出布丁。

Memo

【步驟1】加熱時不攪拌。攪拌的話，砂糖會形成結晶而呈現細沙狀，無法煮成濃稠的焦糖液。關掉爐火後，鍋裡的砂糖靠餘熱就會漸漸地呈現焦糖色，因此煮出焦糖色前就關掉爐火。

ITALIAN FLAN

OREO PUDDING

OREO 夾心餅乾布丁

→RECIPE p.64

MANGO PUDDING

奇亞籽布丁
→RECIPE p.65

芒果布丁
→RECIPE p.64

CHIA PUDDING

冷卻 OREO夾心餅乾布丁

製作時不使用雞蛋的巧克力布丁。搭配奶油與OREO餅乾調成的大理石紋發泡鮮奶油，口感十分獨特的布丁。

材料　容量150mℓ玻璃杯4杯份

牛奶巧克力（片狀）…… 50g
鮮奶油（乳脂肪含量35%）…… 50g

〈發泡鮮奶油〉

鮮奶油（乳脂肪含量35%）…… 150g
巧克力餅乾（奶油夾心）…… 7片

＊本食譜使用市售OREO夾心餅乾。

作法

1 將巧克力倒入調理盆裡，連盆擺在尺寸較小、裝著熱水（60～70℃）的調理盆上。巧克力軟化後，一手扶著調理盆，一手拿橡皮刮刀，慢慢地攪拌促使巧克力融化。

2 巧克力融化後，移開隔水加熱的小調理盆，添加鮮奶油，攪拌至呈現出光澤感為止。

3 **〈發泡鮮奶油〉**鮮奶油倒入調理盆後，連盆放入裝著冰水的另一個調理盆裡，手持式電動攪拌器切換成「中速」，攪拌約2分鐘，完成七分打發的發泡鮮奶油。

4 步驟**2**添加1/3份量的步驟**3**後，以打蛋器攪拌均勻，玻璃杯過水後，分別倒入至玻璃杯高度的3/5處。覆蓋保鮮膜，放入冰箱冷卻40分鐘左右。

5 保留口感，3片巧克力餅乾用手剝成小塊後，加入步驟**3**的剩餘發泡鮮奶油裡，以橡皮刮刀攪拌混合。

6 將步驟**5**分成四份，由冰箱取出步驟**4**，拿掉保鮮膜後，加入其中一份，插上剝成兩半的巧克力餅乾。

冷卻 芒果布丁

大量添加芒果，料多味美，口感滑潤的布丁。製作重點是，以吉利丁增添濃稠滑潤口感。

材料　容量150mℓ玻璃杯3杯份

芒果（冷凍）…… 200g
牛奶 …… 100g
鮮奶油（乳脂肪含量35%）…… 150g
吉利丁片 …… 5g

〈發泡鮮奶油〉方便製作的份量

鮮奶油（乳脂肪含量35%）…… 100g
細白糖 …… 10g

薄荷葉…… 適量

前置作業

・吉利丁片以大量冷水泡軟。

作法

1 將芒果與牛奶倒入攪拌器裡，攪拌至呈現泥狀為止。

2 鮮奶油倒入鍋裡，以中火加熱，沸騰前關掉爐火。吉利丁片用手擰乾水份後加入，以橡皮刮刀攪拌促使溶解。

3 步驟**2**添加步驟**1**後，整鍋放入裝著冰水的調理盆裡，**以橡皮刮刀攪拌至呈現濃稠度為止ⓐ**，然後分成三等分，玻璃杯過水後分別倒入。不覆蓋保鮮膜，直接放入冰箱冷卻1小時。

4 **〈發泡鮮奶油〉**鮮奶油與細白糖倒入調理盆後，連盆放入裝著冰水的另一個調理盆裡，手持式電動攪拌器切換成「中速」，攪拌約2分鐘，完成七分打發的發泡鮮奶油。

5 以湯匙杓取步驟**4**加在步驟**3**上，加上薄荷葉。

冷卻 奇亞籽布丁

大量添加奇亞籽。味道香濃、充滿顆粒感，讓人吃了會上癮的布丁。

材料　容量150mℓ玻璃杯2杯份

奇亞籽…… 50g
豆漿（非基改）…… 250g
可可粉…… 40g
楓糖漿…… 40g
覆盆莓…… 4顆
百里香…… 適量

前置作業

・奇亞籽倒入容器裡，注入豆漿ⓐ，覆蓋保鮮膜，放入冰箱浸泡一整晚。

作法

1 奇亞籽泡軟後移入調理盆，添加可可粉與楓糖漿，以打蛋器攪拌均勻。

2 將步驟**1**分成兩份，玻璃杯過水後倒入，在台子上輕敲2～3下以排放空氣。覆蓋保鮮膜，放入冰箱冷卻1小時。

3 由冰箱取出後，分別加上2顆覆盆莓與百里香。

Memo

奇亞籽浸泡一整晚，吸足水份後粒粒飽滿，口感Q彈滑潤。

Q.「麻糬等甜點的軟糯Q彈口感，為什麼不一樣呢？」

蕨粉（蕨餅粉）　白玉粉（水磨糯米粉）　上新粉（粳米粉、蓬萊米粉

A.澱粉種類不同，完成麻糬等甜點的Q彈口感就不一樣。

實驗⑤

以三種澱粉為原料的粉類材料完成麻糬觀察外觀與口感上差異

粉類材料的黏性因澱粉種類而不同。以相同份量的3種粉類材料，添加相同份量的砂糖，完成麻糬，觀察、比較外觀狀態（延展性）與口感上差異。

		粉的種類		
		蕨粉	白玉粉	上新粉
材料	粉	50g	50g	50g
	水	200g	45g	45g
	砂糖	5g	5g	5g
	黏性（延展性）	延展性絕佳	略具延展性	不具延展性

完成麻糬後比較外觀與口感上差異

（p.66圖中麻糬左起依序編號為1、2、3）

■蕨粉（1）
顏色透明，具光澤感。黏性強，延展性絕佳，短時間擺放不會硬化。

■白玉粉（2）
乳白色，具光澤感。延展性不如蕨粉，但優於上新粉。

■上新粉（3）
白色，具光澤感，相較於蕨粉與白玉粉，不具延展性，短時間擺放就硬化。

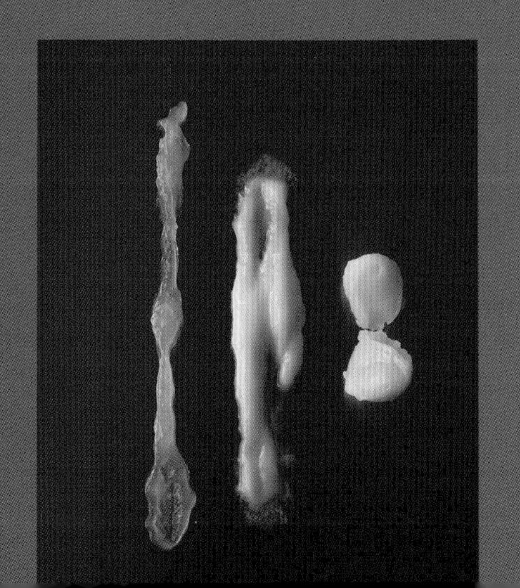

剖析粉類材料的特徵

■蕨粉（蕨餅粉）
市售蕨粉可大致分成100%蕃薯（或蓮藕）澱粉，與100%蕨粉澱粉兩大類。目前最廣泛使用的是100%蕃薯澱粉成分的蕨粉，特徵為容易入口，太白粉、玉米粉等粉類材料就能夠取代。100%蕨粉澱粉成分的本蕨粉（右圖），是由蕨菜根取得澱粉後乾燥處理而成，因此產量稀少，價格昂貴。顏色為灰褐色，黏性強勁，特徵是沒有澱粉的特有味道。

■白玉粉（水磨糯米粉）
白玉粉是由「糯米」研磨後沉澱物萃取的澱粉，粒子細緻，觸感滑潤。擺放時間較久依然柔軟，通常燙煮成耳垂般柔軟度後使用。

■上新粉（粳米粉、蓬萊米粉）
「粳米」等乾燥處理而成的粉類食材，粒子較粗。會隨著擺放時間而硬化。添加砂糖就能夠維持柔軟口感。通常燙熟或蒸熟後充分揉製才使用。

BLACK WARABIMOCHI

COLORED WARABIMOCHI

蕨粉　純正道地的黑褐色蕨餅

黑褐色蕨餅才是純正本蕨粉做成的道地蕨餅。散發優雅香氣，令人深深著迷的美味甜點。

材料　**直徑約2㎝ 30顆份**

本蕨粉（100%純正蕨粉）…… 50g
冷水 …… 200g
白砂糖 …… 50g
黃豆粉 …… 15g

前置作業

- 將擠花袋（拋棄式）放入玻璃杯裡，反摺上部。

Memo

本蕨粉是100%「蕨根」澱粉為原料的純正蕨粉，產量稀少，因此目前較廣泛使用的是以蕃薯或蓮藕澱粉為原料的蕨粉。

作法

1. 將蕨粉與記載份量的冷水倒入鍋裡，以橡皮刮刀攪拌至看不出粉狀為止。
2. 添加上白糖後，以中火加熱，以橡皮刮刀攪拌。煮出黏稠感後轉小火，避免燒焦，續煮約2分鐘，至呈現透明狀態後關掉爐火。
3. 裝入擠花袋後摺疊上部，避免溢出，放入冰箱冷卻15分鐘左右。
4. 由冰箱取出，擠花袋尖端剪成直徑約2㎝開口。調理盆裝入冷水，依序擠入直徑約2㎝小塊，**邊擠入邊以手指掐斷ⓐ**。
5. 擠完後撈到簍子裡，微微地瀝乾水份，盛入容器裡，撒上黃豆粉。

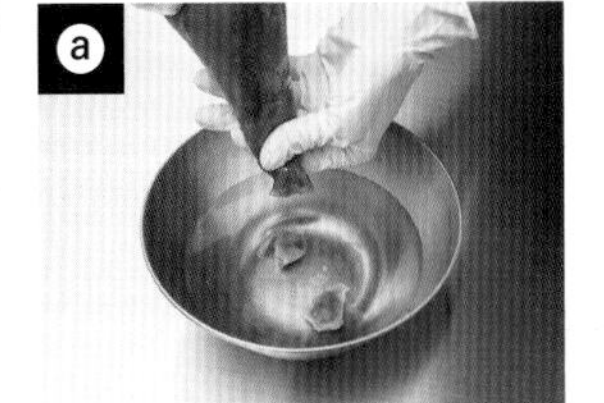

蕨粉　色彩繽紛的蕨餅

使用蔬果澱粉為原料的蕨粉，就能夠進行染色。以3種顏色的糖漿，完成色彩鮮豔的蕨餅。

材料　**直徑約2㎝30顆份**

蕨粉（100%蕃薯澱粉）…… 50g
冷水 …… 200
上白糖 …… 30g
刨冰糖漿（草莓、檸檬、藍色夏威夷）
　…… 各100g

前置作業

- 將擠花袋（拋棄式）放入玻璃杯裡，反摺上部。
- 刨冰糖漿分別裝入較深的容器裡。

Memo

製作這兩道蕨餅甜點時，【步驟3】都放入冰箱裡冷卻，將蕨粉煮成搖晃容器時不會流動，只是不停地晃動的軟硬度即可。

作法

1. 將蕨粉與記載份量的冷水倒入鍋裡，以橡皮刮刀攪拌至看不出粉狀為止。
2. 添加上白糖後，以中火加熱，以橡皮刮刀攪拌。煮出黏稠感後轉小火，避免燒焦，續煮約2分鐘，至呈現透明狀態後關掉爐火。
3. 裝入擠花袋後摺疊上部，避免溢出，放入冰箱冷卻15分鐘左右。
4. 由冰箱取出，擠花袋尖端剪成直徑約2㎝開口。調理盆裝入冷水，依序擠入直徑約2㎝小塊，**邊擠入邊以手指掐斷ⓐ**。
5. 擠完後撈到簍子裡，微微地瀝乾水份，裝著糖漿的容器分別盛入10顆後，置於適溫環境30分鐘。
6. 由糖漿中撈出，擺在廚房用紙巾上，微微地吸乾水份後串入竹籤，每串2顆。

CHOCOLATE WARABIMOCHI

蕨粉　法式蕨粉巧克力凍派

蕨粉與巧克力的絕妙組合，口感濃稠綿密的美味甜點。

材料　4.5×24×高5cm磅蛋糕模1個份

蕨粉（100%蕃薯澱粉）…… 100g
鮮奶油（乳脂肪含量35%）…… 300g＋100g
黑巧克力（片狀）…… 200g
可可粉（最後修飾用）…… 30g

前置作業

- 磅蛋糕模鋪上烘焙紙。
- 將最後修飾用可可粉倒入方形淺盤。→步驟**5**由冰箱取出後倒入。

作法

1. 將蕨粉倒入調理盆裡，添加300g鮮奶油後，以橡皮刮刀攪拌促使溶解。
2. 將100g鮮奶油倒入鍋裡，以中火加熱，沸騰前關掉爐火。
3. 添加步驟**1**與巧克力，以橡皮刮刀攪拌至呈現光滑細緻質感。
4. 以小火加熱，避免燒焦，以橡皮刮刀攪拌約2分鐘，確實地攪拌均勻。**煮出濃稠感後ⓐ**關掉爐火。
5. 倒入模型裡，放入冰箱冷卻1小時促使凝固。
6. 由冰箱取出後，連同烘焙紙一起脫模取出，拿掉烘焙紙。放入方形淺盤裡滾動，至側面都裹滿可可粉後，切成厚2cm塊狀，盛入容器裡。

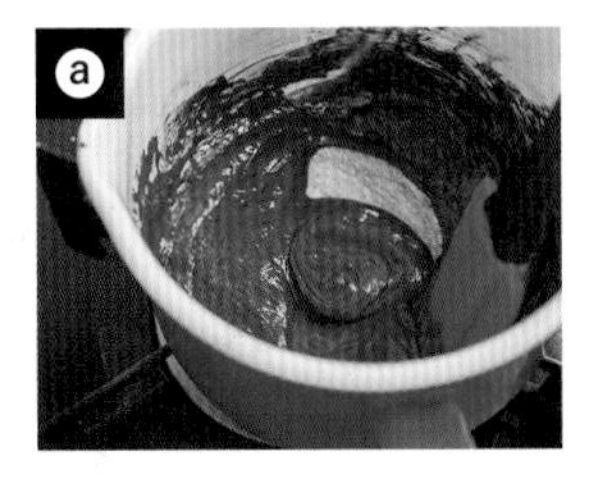

memo

本食譜使用片狀巧克力，使用塊狀巧克力時請切碎後添加。

綜合水果白玉湯圓

→RECIPE p.74

練切玫瑰花

→RECIPE p.75

ROSE NERIKIRI

白玉粉 綜合水果白玉湯圓

滑潤Q軟，口感絕佳的白玉湯圓。添加糖漿與水果，味道更加清爽。

材料　4人份

白玉粉 …… 100g
上白糖 …… 10g
冷水 …… 90g

〈糖漿〉

細白糖 …… 100g
冷水 …… 200g

水煮小紅豆（市售）…… 120g
麝香葡萄 …… 16顆
奇異果 …… 1顆

前置作業

- 麝香葡萄去皮。
- 奇異果去皮後，輪切成厚0.5cm片狀。

作法

1. **〈糖漿〉**將材料倒入鍋裡，以中火加熱，以橡皮刮刀攪拌至細白糖完全溶解後關掉爐火。倒入容器裡，覆蓋保鮮膜，放入冰箱裡。
2. 將白玉粉與上白糖倒入調理盆裡，少量多次添加記載份量的冷水，邊用手混合邊揉成粉團，揉出耳垂般柔軟度。
3. 揉好後分成15g，拿在手上，揉成球狀，拇指輕壓中央，形成凹孔。
4. 鍋子裝水煮滾後，放入步驟**3**，燙煮約2分鐘，浮出水面後，以網杓撈起，**泡入冷水中ⓐ**。
5. 將步驟**4**、麝香葡萄、奇異果盛入容器裡，淋上步驟**1**。最後加上1湯匙水煮小紅豆。

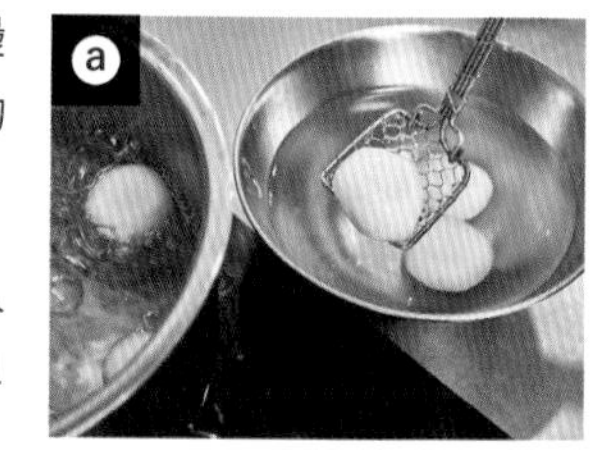

Memo

【步驟2】若一口氣加入記載份量的冷水，易因水份太多而無法揉成粉團。少量多次添加，重複「光滑細緻→凝固」步驟揉成粉團，揉出耳垂般柔軟度。水份太多時，少量多次添加白玉粉，適度地調整。

白玉粉

練切玫瑰花

製作重點是，先以白玉粉完成求肥。

材料　8顆份

白豆沙（市售）…… 200g
白玉粉 …… 4g
冷水 …… 8g
上白糖 …… 10g
食用色素（紅色）…… 極少量

前置作業

方形淺盤鋪上濕潤布巾。

Memo

【步驟3】重複此作業，將求肥揉入白豆沙裡，這是製作練切和菓子不可或缺的步驟，請耐心地完成。完成此階段後，以保鮮膜包好，放入冰箱可保存5天。【步驟4】食用色素的上色效果佳，揉粉團時少量添加，即可染成漂亮顏色。融合著色與未著色粉團，即可完成顏色淡雅的粉團。

作法

1 將白豆沙倒入耐熱容器裡，覆蓋廚房用紙巾，以600W微波爐加熱1分半後，以橡皮刮刀攪拌均勻。再次覆蓋廚房用紙巾，微波加熱1分半，**表面呈現白色狀態就OK**ⓐ。未呈現白色狀態時，重複以上步驟，再次微波加熱。

2 製作求肥。將白玉粉倒入另一個調理盆裡，邊少量多次添加記載份量的冷水，邊以橡皮刮刀攪拌至看不出粉狀為止。添加上白糖，再攪拌，上白糖溶解後，不覆蓋保鮮膜，直接以600W微波爐加熱1分鐘。

3 步驟**1**添加步驟**2**後，以橡皮刮刀攪拌，彙整成團狀，拿在手上，捏成小粉團，間隔適當距離，**排入方形烤盤裡**ⓑ，稍微散熱冷卻。彙整小粉團，揉成團狀，揉4～5次後，再次拿在手上，捏成小粉團，排入方形烤盤裡。重複以上步驟5次，最後彙整小粉團，揉成團狀。

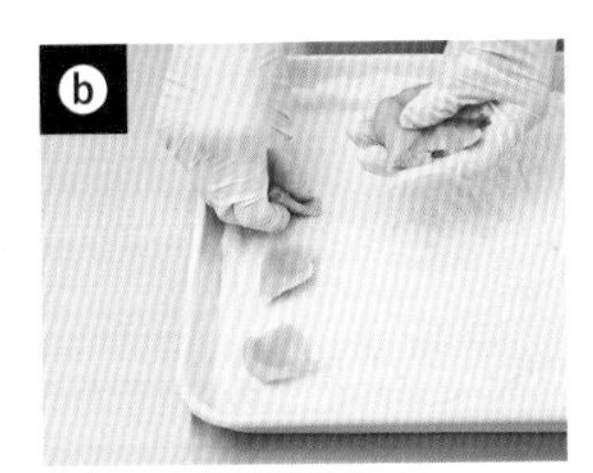

4 取40g左右的步驟**3**，牙籤尖端沾取極少量食用色素，加在粉團上，將色素揉入粉團。粉團上色後，加入剩餘的步驟**3**，再次以手揉粉團，將粉團顏色染得更加均勻漂亮。

5 取出粉團擺在製麵台上，分成四等份，以擀麵棍分別擀成7×35cm左右的片狀，然後以模型**套切5片直徑6cm圓片**ⓒ，拿掉周圍部分。圓形下側分別重疊1.5cm，縱向並排，未重疊部分的左右側，分別以筷子按壓五處（花瓣部分）。

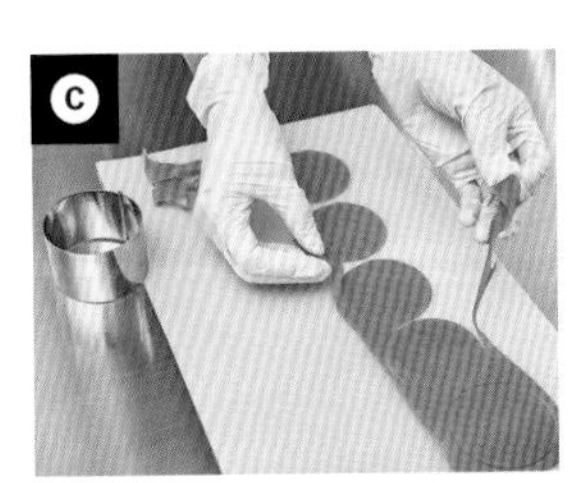

6 由上部**開始滾動，捲起**ⓓ**後，由中央切斷**ⓔ。切斷後切口朝下，分別擺放，利用筷子尖端，往外撐開成花瓣形狀。重複步驟5～6三次，依序完成8朵練切玫瑰花。

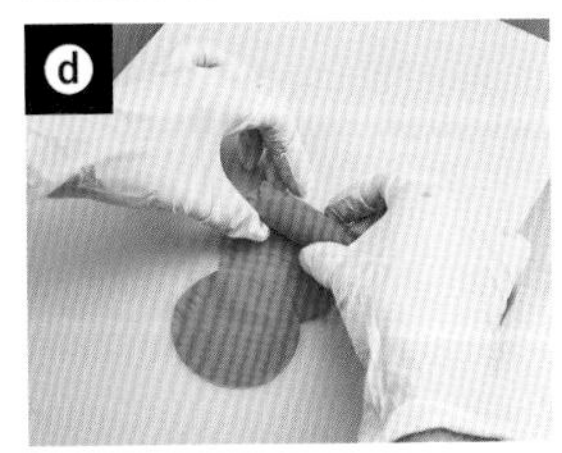

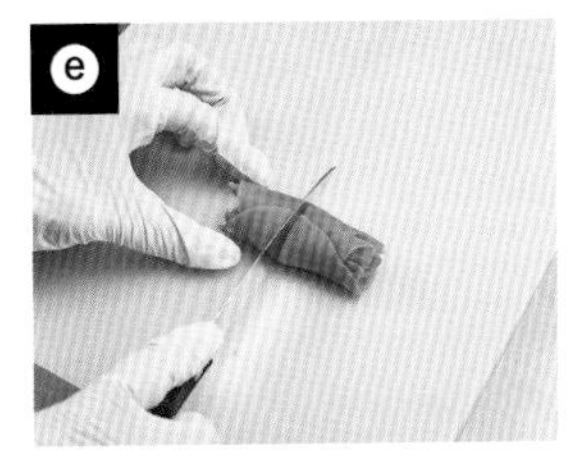

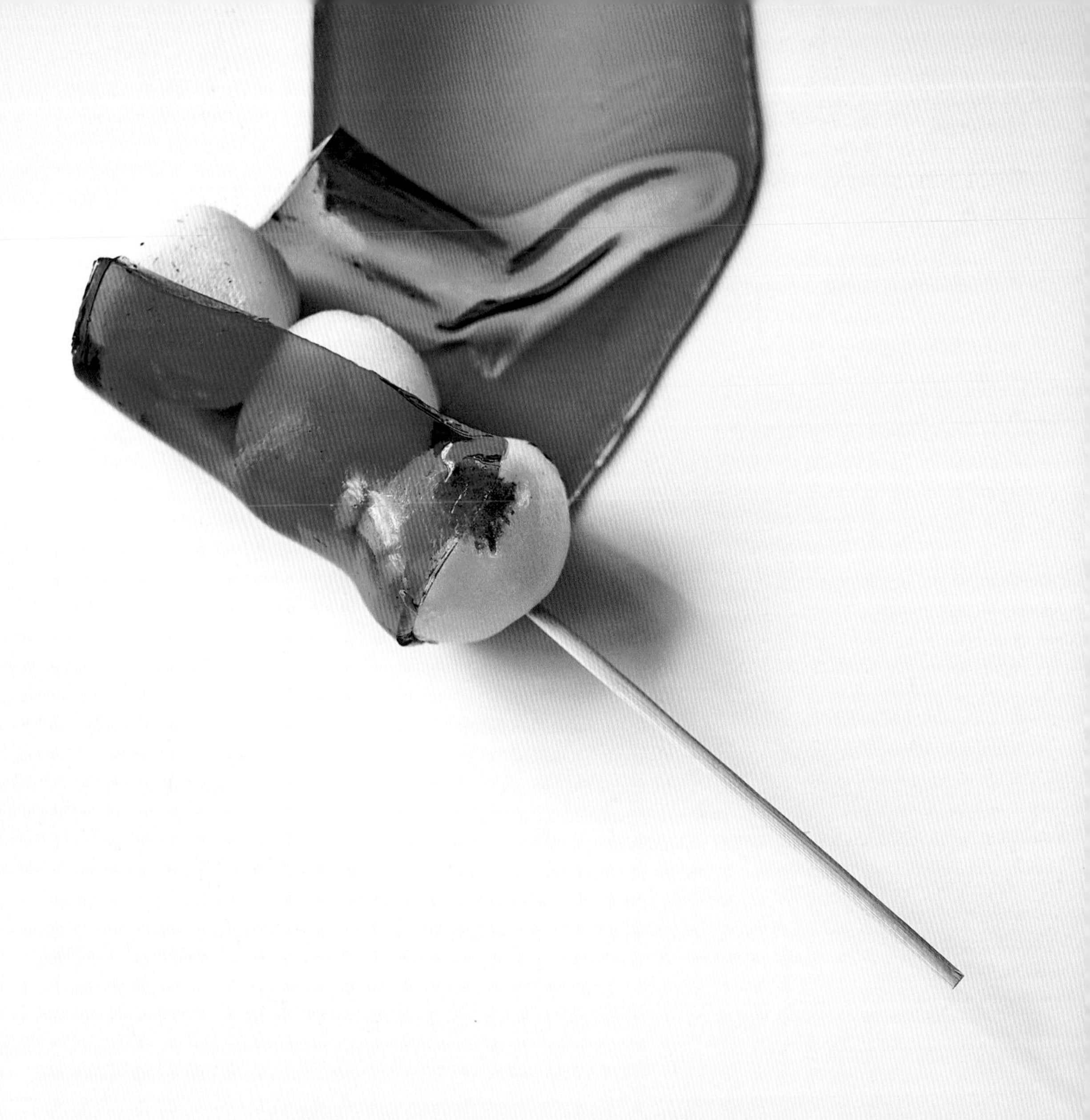

MITARASHI JELLY

上新粉 醬汁不會融化沾手的御手洗糰子

融合上新粉與白玉粉，Q彈口感倍增。
表面裹一層不會融化沾手的透明調味凝凍，吃進嘴裡，御手洗糰子美味濃得化不開。

材料　4串份

A
- 上新粉…… 50g
- 白玉粉…… 50g
- 上白糖…… 20g

冷水…… 90g

〈調味凝凍〉

冷水…… 100g
醬油…… 30g

B
- 上白糖…… 75g
- 洋菜…… 5g

前置作業

- 混合材料**B**。
- 方形淺盤鋪上烘焙紙。

作法

1 **〈調味凝凍〉**將冷水與醬油倒入鍋裡，以中火加熱後，邊少量多次添加材料**B**，邊以打蛋器輕輕地攪拌（避免產生氣泡），煮滾後關掉爐火。方形淺盤（17×22.5×高3.5㎝）過水後倒入，不覆蓋保鮮膜，直接放入冰箱冷卻30分鐘促使凝固。

2 將材料**A**倒入調理盆裡，少量多次添加記載份量的冷水，邊用手攪拌邊揉成粉團，揉出耳垂般柔軟度。

3 鍋子裝水煮滾後，分別取10g步驟**2**，拿在手上，揉成球狀，放進滾水裡，燙煮約2分鐘，浮出水面後，以網杓撈起，泡入冷水裡，冷卻後串入竹籤，1支竹籤串入3顆。

4 加熱平底鍋後，排入步驟**3**，稍微地轉動竹籤，**將糰子表面煎烤成金黃色ⓐ**。呈現漂亮色澤後，間隔適當距離，排入方形淺盤裡，稍微散熱冷卻。

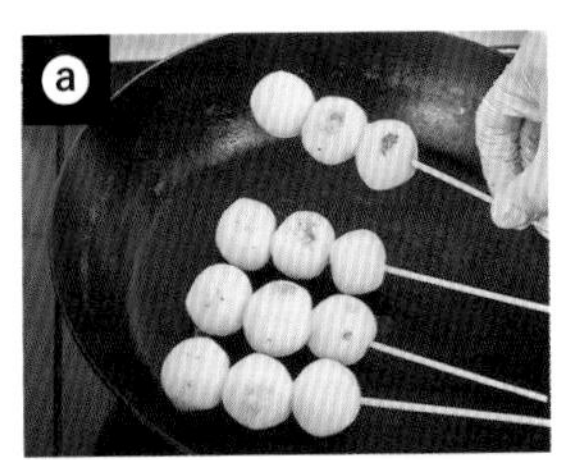

5 由冰箱取出步驟**1**的方形淺盤，刀子沿著淺盤短邊7.5㎝處橫向劃開。放入1串步驟**4**，**轉動竹籤，裹上凝固成果凍狀的調味凝凍ⓑ**，裹好後以刀子切斷凝凍。重複以上步驟，完成4串美味可口的御手洗糰子。

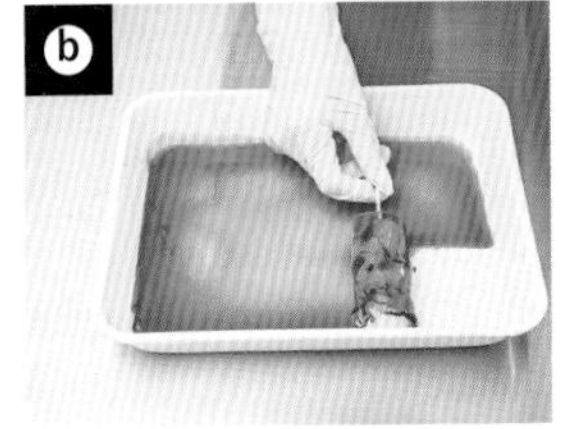

Memo

【步驟4】使用鐵製平底鍋，因此以毛刷或廚房用紙巾薄薄地抹油後煎烤。使用鐵氟龍塗層平底鍋時，不抹油也沒關係。稍微散熱冷卻，是避免製作調味凝凍的洋菜接觸60℃以上高溫而融化。

上新粉 杏桃黑豆日式浮島蛋糕

浮島蛋糕，又稱水蒸長崎蛋糕。口感軟糯Q彈。斷面狀態也趣味性十足。

材料 7×16.5×高5.5cm磅蛋糕模1個份

A
- 低筋麵粉 …… 12g
- 抹茶粉 …… 1小匙

白豆沙（市售）…… 80g
蛋黃 …… 2顆份
蛋白 …… 2顆份
上白糖 …… 20g
上新粉 …… 12g
鹽 …… 1小撮
杏桃（罐裝／切半）…… 1顆
黑豆甘納豆 …… 35顆

前置作業

- 混合材料**A**後過篩。
- 磅蛋糕模鋪上烘焙紙。
- 杏桃以廚房用紙巾擦乾水份後，切成1cm小丁。
- 蒸鍋裝水後，以中火加熱。以布巾（或毛巾）包裹鍋蓋。

作法

1 將白豆沙與蛋黃倒入調理盆裡，以打蛋器攪拌均勻。

2 蛋白倒入另一個調理盆，手持式電動攪拌器切換成「中速」，打發至呈現泛白狀態。添加1小匙材料欄記載份量的上白糖，攪打約1分鐘（光滑細緻），然後將剩餘上白糖分成兩份，先添加其中一份，攪打約2分鐘（呈現光澤），接著添加另一份，攪打1分鐘左右，打發至以攪拌器撈起時呈現堅挺的尖角狀態為止，完成綿密扎實的蛋白霜。

3 步驟**1**添加步驟**2**後，避免破壞氣泡狀態下，以橡皮刮刀迅速地翻拌混合，接著添加材料**A**、上新粉、鹽，切拌混合至看不出粉狀為止。

4 將一半份量的步驟**3**倒入磅蛋糕模裡，撒入一半份量的杏桃，上面排放黑豆甘納豆，每排5顆，排成7列。然後**撒上剩餘的杏桃ⓐ**，倒入另一半份量的步驟**3**。

5 放入冒著熱氣的蒸鍋裡，蓋上鍋蓋，以中火蒸20分鐘。

6 連同烘焙紙，由模型取出後，擺在網架上，稍微散熱冷卻。拿掉烘焙紙，切成厚3cm塊狀。

Memo

【步驟2】一開始就打發至呈現泛白狀態，希望蛋白的水份與蛋白質成分都攪打得很均勻。細白糖分成3次加入，則是希望每次添加都能夠確實地溶解。手持電動攪拌器的強度因機種而不同，請邊攪打邊觀察攪打狀態。

JAPANESE CAKE UKISHIMA

PROFILE

太田佐知香（Sachica Ota）

蛋糕設計師、藝術教育士。在法國巴黎的聖日耳曼德佩區旅居過一段時間，並於巴黎麗茲埃科菲廚藝學校（Ecole Ritz Escoffier）學習甜點製作，繼而於日本京都造型藝術大學研究所攻讀藝術。學成後以藝術教育師身份，成立專為小朋友與媽媽設計的「My little days」機構，開辦甜點製作課程與工作坊，積極展開貼近孩子們興趣、好奇求知等敏銳感受，充滿獨特世界觀的經營理念。同時廣泛地從事婚禮、宴會等糕點製作，活躍於雜誌、電視、網路等媒體。著有《メレンゲのお菓子　パブロバ（立東舍）／中文版《帕芙洛娃：讓人著迷的蛋白霜甜點（瑞昇文化）》、《不思議なお菓子レシピサイエンススイーツ（マイルスタッフ）／中文版《孩子的第一堂手作甜點課：知道原理更有趣，不可思議的甜點科學實驗》（台灣東販）》。

HP：https://mylittledays.info

Instagram：

@sachica_kidsartlifeproducer

TITLE

魔法甜點・夢幻烘焙變化研究室

STAFF

出版	瑞昇文化事業股份有限公司
作者	太田佐知香
譯者	林麗秀
總編輯	郭湘齡
責任編輯	蕭妤秦
文字編輯	張聿雯
美術編輯	許菩真
排版	洪伊珊
製版	印研科技有限公司
印刷	龍岡數位文化股份有限公司
法律顧問	立勤國際法律事務所　黃沛聲律師
戶名	瑞昇文化事業股份有限公司
劃撥帳號	19598343
地址	新北市中和區景平路464巷2弄1-4號
電話	(02)2945-3191
傳真	(02)2945-3190
網址	www.rising-books.com.tw
Mail	deepblue@rising-books.com.tw
初版日期	2022年3月
定價	320元

ORIGINAL JAPANESE EDITION STAFF

発行人	濱田勝宏
アートディレクション・ブックデザイン	小橋太郎（Yep）
撮影	川上輝明（bean）
スタイリング	久保田朋子
校閲	武 由記子
編集	小橋美津子（Yep） 大沢洋子（文化出版局）

國家圖書館出版品預行編目資料

魔法甜點.夢幻烘焙變化研究室：玩轉甜點新科學/太田佐知香作；林麗秀譯. -- 初版. -- 新北市：瑞昇文化事業股份有限公司, 2022.02
80面；19 x 25.7公分
ISBN 978-986-401-540-5(平裝)
1.CST: 點心食譜

427.16　　110022256